测绘地理信息科技出版资金资助

# 城市建设工程规划核实测量

# Urban Construction Engineering Planning Verification and Surveying

杨伯钢　张保钢　易致礼　段红志　刘凤珠　王阳生 编著

测绘出版社

·北京·

## 内容简介

城市建设工程规划核实测量是一项新兴的工程测量工作。本书介绍了城市建设工程规划核实测量的基本知识、工作现状、主要测量技术和几种典型的规划核实测量工作。对相关测量数据的处理与应用也进行了论述，简要回顾了北京市城市建设规划核实工作的开展情况，补充了新近提出的其他几种类型的联合测绘工作，展望了城市建设工程规划核实测量的发展趋势。

**图书在版编目(CIP)数据**

城市建设工程规划核实测量/杨伯钢等编著．—北京：测绘出版社，2020.6

ISBN 978-7-5030-4304-8

Ⅰ.①城…　Ⅱ.①杨…　Ⅲ.①城市建设—建筑测量　Ⅳ.①TU198

中国版本图书馆 CIP 数据核字(2020)第 102941 号

责任编辑　云　雅　**封面设计**　谷通佳雨　**责任校对**　石书贤　**责任印制**　吴　芸

| | | | |
|---|---|---|---|
| **出版发行** | 测绘出版社 | **电　　话** | 010—83543965(发行部) |
| **地　　址** | 北京市西城区三里河路 50 号 | | 010—68531609(门市部) |
| **邮政编码** | 100045 | | 010—68531363(编辑部) |
| **电子信箱** | smp@sinomaps.com | **网　　址** | www.chinasmp.com |
| **印　　刷** | 北京华联印刷有限公司 | **经　　销** | 新华书店 |
| **成品规格** | 169mm×239mm | | |
| **印　　张** | 6.5 | **字　　数** | 123 千字 |
| **版　　次** | 2020 年 6 月第 1 版 | **印　　次** | 2020 年 6 月第 1 次印刷 |
| **印　　数** | 0001—1000 | **定　　价** | 40.00 元 |

**书　　号**　ISBN 978-7-5030-4304-8

本书如有印装质量问题，请与我社门市部联系调换。

# 前　言

《中华人民共和国城乡规划法》第四十五条规定："县级以上地方人民政府城乡规划主管部门按照国务院规定对建设工程是否符合规划条件予以核实。未经核实或者经核实不符合规划条件的，建设单位不得组织竣工验收。"自此，"规划核实"以法律的形式于2008年固定下来。规划核实测量是规划核实工作的主要手段，相关测绘业务开始由原来的建设工程竣工测量逐步向规划核实测量过渡，相信测绘部门在提供规划核实测量服务之后实现全面提供规划核实服务是趋势。北京市与全国一样，也陆续开展了规划核实测量工作，随着"多规合一""最多跑一次""联合测绘"工作的展开，行业内对规划核实测量业务知识的需求也与日俱增。在此背景下，笔者参考国内相关政策、法规、标准与科研成果，编写、汇总了近年来的城市建设工程规划核实测量技术。

全书共分7章。第1章介绍了城市建设工程规划核实测量的基本知识；第2章介绍了城市建设工程规划核实现状；第3章介绍了城市建设工程规划核实测量技术；第4章介绍了几种典型城市建设工程规划核实测量；第5章讨论了城市建设工程规划核实测量数据的处理与应用；第6章简要回顾了北京市城市建设规划核实工作；第7章展望了城市建设工程规划核实测量的发展趋势。

本书参考和引用了国内外有关城市建设工程规划核实测量的相关文献资料，在此向资料文献的作者表示感谢。本书编写过程中得到了北京市测绘设计研究院的技术支持，在此一并表示诚挚的谢意。

由于编者水平有限、编写时间仓促，书中难免存在一些不妥之处，敬请读者批评指正，提出宝贵意见，以便进一步修改、完善本书内容。

# 目　录

# Contents

# 第1章　城市建设工程规划核实概述

## §1.1　建设工程及其规划审批核实流程

建设工程是指为人类生活、生产提供物质技术基础的各类建(构)筑物和工程设施的统称。与乡村建设工程相比,城市建设工程一般具有建筑规模较大、牢固性较强、规划部门重视程度高、管理严等特点。本书的建设工程均指城市建设工程。建(构)筑物工程是建设工程的重要组成部分,其他的建设工程还包括道路工程、管线工程、轨道交通工程和绿化工程。建(构)筑物工程还可细分为工业建筑和民用建筑,道路工程细分为一般道路、桥梁、隧道等工程,轨道交通工程可细分为轻轨、地铁、单轨、磁悬浮等工程。

各城市建设工程的规划审批核实流程大同小异,下面以北京市的情况加以说明。具体一项建设工程在申请立项后,其规划审批核实流程包括:申请建设项目选址意见(书),申请建设项目规划设计条件,申请审批建设项目规划设计方案,申请审批建设项目修建性详细规划,申请核准建设项目规划设计总平面图,申请核发建设用地规划许可证,申请审批建设项目施工图,申请核发建设工程规划许可证,申请建设工程竣工验收许可,申请变更建设用地规划许可证,申请变更建设工程规划许可证。

### 1.1.1　申请建设地址通知书或建设用地许可证

建设单位持计划部门和主管部门批准建设项目的文件(以下简称建设项目批准文件)和建设地址申请书,向城市规划管理机关申请、确定建设工程地址。重要或复杂的建设工程的建设地址申请书,应附有规划设计单位编制的建设工程选址研究报告或建设工程规划方案。城市规划管理机关提出建设地址建议方案,由建设单位按照城市规划管理机关的要求向有关部门征询意见。不需要申请建设用地的建设工程,由城市规划管理机关确定建设地址后,向建设单位发放确定建设地址通知书。需要申请建设用地的建设工程,由建设单位向城市规划管理机关申领建设用地许可证。

### 1.1.2　申请建设用地许可证

建设单位向城市规划管理机关提交上级主管部门批准的申请建设用地的文件,由城市规划管理机关会同土地管理机关审核同意,按规定分别报经市、区、县人民政府批准后,发给建设用地许可证。因建设工程施工、堆料或其他特殊情况需要在批准的用地范围外临时用地的，建设单位须持上级主管部门批准的申请临时用地文件向城市规划管理机关申请，经批准后发给临时建设用地许可证。建设单位持建设用地许可证（临时建设用地许可证）和其他有关文件，向土地管理机关申请征用、划拨土地。建设单位在办理征用、划拨土地手续过程中，用地位置、范围有变更的，须按规定的程序重新申请建设用地许可证。

### 1.1.3 申请规划设计条件通知书

建设单位持建设项目批准文件和确定建设地址通知书或建设用地许可证及地形图，向城市规划管理机关申请，确定规划设计条件。城市规划管理机关提出规划设计条件建议，由建设单位按城市规划管理机关的要求向有关部门征询意见。经城市规划管理机关正式确定后，向建设单位发规划设计条件通知书。

### 1.1.4 获取审定设计方案通知书

建设单位按照规划设计条件通知书，向城市规划管理机关提出设计方案（附有关图纸、资料）。城市规划管理机关审查批准设计方案后，向建设单位发审定设计方案通知书。

### 1.1.5 申请建设工程许可证

建设单位持建设项目批准文件、施工设计图纸、资料和其他有关文件，向城市规划管理机关提出申请，经审查批准后，发给建设工程许可证。临时建设工程，由建设单位参照本项规定，申领临时建设工程许可证。按规定需要验线的建设工程，城市规划管理机关应在核发建设工程许可证的同时，向建设单位一并发放“建设工程验线申请表”和“建设工程规划验收申请表”。建设工程开工前，建设单位须通知并监督施工单位在施工现场树立标志，标明建设工程名称、发证机关和发证日期、编号。建设单位在完成工程施工放线后，应当向规划行政主管部门提交填写完整的“建设工程验线申请表”。规划行政主管部门应当在收到申请表后组织测绘部门验线。验线合格后，向建设主管部门办理施工许可证方可进行施工建设。建设工程在施工过程中，原建设工程许可证批准的内容如有变更，须经批准该建设项目的主管机关同意，附具新的设计图纸资料报经原发证机关批准后方可施工；如有重大变更，必须按规定的程序重新申领建设工程许可证后方可施工。

道路、道路两侧绿化、桥梁、铁路、地下铁道、地下管道、地上杆线、河湖水系等市政工程的规划审批方法略有不同。基本步骤包括：建设单位或设计单位持市政工程项目批准文件和技术文件及图纸，向城市规划管理机关申请确定规划设计条件（重要或复杂的市政工程，在申请确定规划设计条件时，须提交规划设计单位编制的建设工程规划方案），经城市规划管理机关与有关部门综合研究后，确定规划设计条件,向建设单位或设计单位发规划设计条件通知书。须报审的市政工程设计方案,要由建设单位将设计方案图纸报城市规划管理机关审批。经批准后,由城市规划管理机关向建设单位发审定设计方案通知书。市政工程施工设计图纸审定后,由城市规划管理机关核发建设工程许可证。市政工程须征用土地或因施工需临时用地的,还要按规定申请建设用地许可证或临时建设用地许可证。

### 1.1.6　开展基础竣工核验

施工至正负零时,应开展基础竣工核验。城乡规划主管部门将基础竣工测量报告与建设工程规划许可证及附件、附图确定的有关建筑基础规划部分内容进行对照,验核建筑工程基础的建设情况是否与建设工程规划许可证及附件、附图相符(该项核验仅限建筑工程,不涉及其他建设工程)。

### 1.1.7　实施规划监督检查

在工程建设期间,规划行政主管部门应当对工程建筑的总平面位置、层数和高度、配套设施、规定拆迁范围的拆迁情况等环境建设及临时建设工程的建设情况进行检查。

### 1.1.8　进行竣工核验

建设工程竣工后,建设单位应及时向城市规划管理机关报送竣工报告,经城市规划管理机关按建设工程许可证批准的内容验收合格后,方可交付使用。

## §1.2　建设工程规划核实

规划核实是城乡规划主管部门为保证建设工程符合国家有关规范、标准并满足质量和使用要求,对建筑工程的放线情况和建设情况是否符合"建设工程规划许可证"及其附件、附图所确定的内容进行验核和确认的行政行为。

一般来讲,规划核实建筑工程规划核实分为放线核实、基础竣工核实、工程竣工核实三个环节。在具体实践中,各地都要求建设单位委托具有相应资质的测绘单位对建筑工程实施规划核实测量,并向城乡规划主管部门提供该建设工程的放线报告、基础竣工测量报告、竣工测量报告。然后,城乡规划主管部门根据每个环节的监管重点,将测量报告与建设工程规划许可证及附件、附图所确定的内容进行对照验核,检查城乡规划的建设工程许可是否已得到正确实施,评估建设工程项目社会效益和影响。

规划核实测量是规划核实的基础性工作,是获取竣工后建设工程各项规划指标的手段,也是相关部门科学行政、依法行政的重要依据。规划核实一般利用已有控制测量成果或自行设计的测量控制网,分步骤开展放线、基础竣工测量、工程竣工测量工作,按规划主管部门要求制作相应的放线报告、基础竣工测量报告、竣工测量报告,为规划主管部门的规划核实提供技术服务。

## §1.3 开展建设工程规划核实的原因

2008年1月1日实施，并于2019年4月23日修改的《中华人民共和国城乡规划法》(以下简称《城乡规划法》)第四十五条规定："县级以上地方人民政府城乡规划主管部门按照国务院规定对建设工程是否符合规划条件予以核实。未经核实或者经核实不符合规划条件的，建设单位不得组织竣工验收。"同时要求"建设单位应当在竣工验收后六个月内向城乡规划主管部门报送有关竣工验收资料"。所以说开展建设工程规划核实是有法律依据的。

建设工程从开工建设至竣工是一个连续的产品生产过程，在这个过程中，对于建设单位在建设活动中是否严格遵守规划许可的要求，城乡规划主管部门需要进行必要的监督检查。鉴于此，人们对建设工程规划核实有了不同的理解。一种观点认为建设工程规划核实，即建设工程的批后管理，是一个多阶段的动态过程，主要包括建设工程放线验线、建设工程基础竣工核实和建设工程竣工规划核实三个阶段；另一种观点认为建设工程规划核实仅指建设工程竣工规划核实，即在建设工程竣工后，城乡规划主管部门以建设工程规划许可证及其附件、附图为依据，对建设工程是否符合规划许可进行检验，并对符合规划许可要求的核发规划核实证明的行为。对经规划核实不符合规划许可要求的，依法进行处理。第一种观点将建设工程规划核实理解成一个多阶段的动态过程，从加强规划管理、及时发现和制止违法建设行为的角度来看，有其合理性，目前重庆等城市一直沿用这种做法。但从《城乡规划法》的规定来看，建设工程规划核实是建设单位组织建设工程竣工验收的前置条件。若不实施建设工程规划核实，建设单位将不能组织建设工程竣工验收，从而对建设单位的权利义务产生影响。因此，建设工程规划核实是一个行政行为，而不是一个过程，即第二种观点中的建设工程竣工规划核实。本书提出第三种观点，显然建设工程开工，建设工程放线是必不可少的环节，针对放线的结果，规划部门确认无误后，单位开展施工，如果按照规划设计要求施工，省略基础工程竣工测量环节，理论上工程竣工合格是没问题的。因此，本书建议保留放线验线和竣工测量环节，省略基础工程竣工测量环节，事实上上海、北京等城市的规划核实工作也采取了这种方法。

开展城市建设工程规划核实是政府规划主管部门对城市规划实施行政管理、监督、服务的重要方面。通过这项工作，政府规划部门可以检查建设单位是否按照规划要求进行工程建设，是否符合《城乡规划法》和建设用地许可证、建设工程规划许可证及其附件的要求，以此保证城市规划建设有序、可控和按规划建设。如果规划部门不开展建设工程规划核实，城市就会变得混乱无序，各种城市病会接踵而来。

开展城市建设工程规划核实也是对建设单位负责，保证建设工程一开始就是符合规划要求的，无形中减少了不必要的返工和经济损失。如果不进行建设工程规划核实，工程建成了，规划部门再宣布不符合规划要求，建设单位将承担巨大的损失。

开展城市建设工程规划核实也是对建设工程施工单位的施工质量和完成情况的有效监督，防止不符合《城乡规划法》或建设工程规划许可证及其附图、附件的事件发生。如果施工单位使用的建筑材料、建筑规模不符合规划设计要求，规划核实就不能通过，该拆除的设施没有拆干净也不能通过验收，防止施工单位有偷工减料事件发生，从而保护建设单位的利益。

测绘部门在规划核实中起着司线员和边裁的重要作用，既为建设单位服务，又为政府提供决策依据，同时测绘部门取得相应的劳动报酬。在建设工程灰线放线时，测绘部门根据规划管理部门的规划条件意见书的要求，将规划条件落到实地；在建设工程灰线验线时，测绘部门将灰线放线结果与设计平面图要求对比，判断放线结果是否符合规划要求。在基础工程竣工测量和工程竣工测量时，测量结果一式两份（规划部门和建设单位各执一份），并给出与规划指标的对比建议，辅助政府决策建设工程是否符合规划要求，帮助建设单位判断施工单位是否按要求进行了正确施工。

## §1.4　城市建设工程规划核实所解决的问题

开展规划核实其实就是解决城市建设工程规划核实要解决的问题，即验核建设工程的建设情况是否与建设工程规划许可证及附件、附图相符。通俗来讲，就是确认与规划许可证及附件、附图相符的城市建设工程，修改、完善与建设工程规划许可证及附件、附图不相符的城市建设工程，保证使其符合规划条件，最终实现所有竣工的城市建设工程均符合城市规划条件（具体来说，就是建设工程规划许可证及附件、附图）的要求。

为保证所有竣工的城市建设工程均符合城市规划要求，现有的规划核实包括以下三个环节或步骤：

（1）放线核实。验核建设工程的放线情况与城乡规划主管部门审定的总平面图是否一致。

（2）基础竣工核实。验核建设工程基础的建设情况是否与建设工程规划许可证及附件、附图相符。

（3）工程竣工核实。验核建设工程的建设情况是否与建设工程规划许可证及附件、附图相符。

城市建设工程规划核实实现的手段是规划核实测量。放线核实通过验线测量实现，基础竣工核实通过竣工测量成果（包括图、表、照片、点云数据等，可用于建设工程区域局部的地形图更新、三维模型建设等工作，附带解决局部地形图更新和三维建模问题）实现。

# 第 2 章　城市建设工程规划核实现状

## §2.1　相关法规制定情况

《中华人民共和国城乡规划法》(以下简称《城乡规划法》)对规划核实做出了明确规定,为规划核实工作的开展提供了法律依据。国务院和城市规划建设部门也先后出台过一些文件:2000 年国务院办公厅发布《关于加强和改进城乡规划工作的通知》❶,要求建立健全城乡规划的监督检查制度。各级人民政府要对其审批规划的实施情况进行监督检查,认真查处和纠正各种违法违规行为。2002 年国务院发布《关于加强城乡规划监督管理的通知》❷,要求加强城乡规划管理监督检查。同年,建设部等九部门发布《关于贯彻落实〈国务院关于加强城乡规划监督管理的通知〉的通知》❸,要求建立健全规划实施的监督机制。2016 年中共中央、国务院联合发布《关于进一步加强城市规划建设管理工作的若干意见》❹,提出强化城市规划工作,严格依法执行规划。

依据中共中央、国务院及其部委、全国人大常委会的这些法规文件,各地制定了相应具体措施,指导城市建设工程规划核实工作:2002 年和 2004 年北京市先后发布了《北京市建设工程规划监督若干规定》和《〈北京市建设工程规划监督若干规定〉实施细则和内部操作规程的通知》❺,2008 年贵州省颁布了《贵州省建设工程竣

---

❶ 国务院办公厅. 关于加强和改进城乡规划工作的通知:国办发〔2000〕25 号[A/OL]. (2016-09-23). http://www.gov.cn/zhengce/content/2016-09/23/content_5111271.htm.

❷ 国务院. 关于加强城乡规划监督管理的通知:国发〔2002〕13 号[A/OL]. (2002-05-15). http://www.gov.cn/gongbao/content/2002/content_61538.htm.

❸ 中华人民共和国建设部,中央机构编制委员会办公室,中华人民共和国国家发展计划委员会,中华人民共和国财政部,中华人民共和国监察部,中华人民共和国国土资源部,中华人民共和国文化部,中华人民共和国国家旅游局,国家文物局. 关于贯彻落实《国务院关于加强城乡规划监督管理的通知》的通知:建规〔2002〕204 号[A/OL]. (2002-08-02). http://www.mohurd.gov.cn/wjfb/200611/t20061101_156859.html.

❹ 中共中央,国务院. 关于进一步加强城市规划建设管理工作的若干意见[EB/OL]. (2016-02-06). http://www.gov.cn/zhengce/2016-02/21/content_5044367.htm.

❺ 北京市规划委员会. 关于发布《北京市建设工程规划监督若干规定》实施细则和内部操作规程的通知:市规发〔2004〕97 号[A/OL]. (2014-04-21). https://ghzrzyw.beijiang.gov.cn/zhengwuxinxi/zcfg/gfxwj/201912/t20191213_1167268.html.

工规划核实管理办法》❶，2009 年沈阳市颁布了《沈阳市建筑工程竣工规划核实暂行办法》❷，2010 年和 2011 年重庆市先后出台了《重庆市建筑工程规划核实工作规程》（重庆市规划局，2010）和《重庆市地下市政管线工程规划核实管理办法》（重庆市规划局，2011），2011 年浙江省出台了《浙江省城镇建设工程竣工规划核实管理办法》❸，同年杭州市也制定了相应的规范性文件《杭州市建设工程竣工规划核实办法》❹，2012 年安徽省颁布了《安徽省城市建设工程规划核实暂行办法》❺，2014 年济南市出台了《济南市规划局建设工程规划核实暂行规定》，2015 年上海市出台了《上海市建设项目开工放样复验、竣工规划验收管理规定》❻和《上海市建设项目放样复验、竣工规划验收检查工作规范》❼等，其他各地也有具体的规划核实办法。2017 年 8 月，浙江省住房和城乡建设厅落实“最多跑一次”改革，联合 10 个省级部门下发了《关于贯彻落实“最多跑一次”改革决策部署全面推进建筑工程“竣工测验合一”改革的实施意见》❽，率先开展建筑工程“竣工测验合一”改革：整合技术标准，实现一把尺子量到底；整合服务机构，实现一个机构干到底；整合管理数据，实现一套数据用到底；整合办事流程，实现一张网络办到底。各地规章对规划核实工作的开展起到了较好的指导作用。2018 年 5 月，中共中央办公厅、国务院办公厅印发了《关于深入推进审批服务便民化的指导意见》❾，明确要求全面推动在建设工程领域实行联合勘验、联合审图、联合测绘、联合验收。

---

❶ 贵州省建设厅．关于印发《贵州省建设工程竣工规划核实管理办法》的通知：黔建规通〔2008〕2 号[A/OL]．(2008-01-03)．https://www.dushan.gov.cn/zxfw/bmlqfw/zffw/fdczc/201605/t20160510_43317561.html.

❷ 沈阳市规划国土局．沈阳市建筑工程竣工规划核实暂行办法[EB/OL].(2014-11-25).https://wenku.baidu.com/view/4b967867f042336c1eb91a37f111f18583d00c83.html.

❸ 浙江省住房和城乡建设厅．关于印发《浙江省城镇建设工程竣工规划核实管理办法》的通知：浙建规〔2011〕27 号[A/OL].(2011-03-17).http://www.zj.gov.cn/art/2014/1/17/art_30591_125161.html.

❹ 杭州市人民政府法制办公室．关于下发《杭州市建设工程竣工规划核实办法》的通知：杭规发〔2011〕567 号[A/OL].(2011-11-28).http://www.hangzhoufz.gov.cn/details/gfwjdetail.aspx?id=1589.

❺ 安徽省住房城乡建设厅．安徽省城市建设工程规划核实暂行办法[EB/OL].(2012-11-12).http://www.fy.gov.cn/openness/detail/content/543cd1239d6bbc060271e0bc.html.

❻ 上海市规划和国土资源管理局．上海市建设项目开工放样复验、竣工规划验收管理规定[EB/OL].(2015-05-01).http://www.shanghai.gov.cn/nw2/nw2314/nw2319/nw41149/userobject83aw1741.html.

❼ 上海市规划和国土资源管理局．上海市建设项目放样复验、竣工规划验收检查工作规范[EB/OL].(2015-05-01).http://www.pudong.gov.cn/shpd/InfoOpen/InfoDetail.aspx?Id=650790.

❽ 浙江省住房和城乡建设厅，浙江省发展和改革委员会，浙江省档案局，浙江省公安厅，浙江省财政厅，浙江省国土资源厅，浙江省人民防空办公室，浙江省数据管理中心，浙江省测绘与地理信息局，浙江省物价局，浙江省气象局．关于贯彻落实“最多跑一次”改革决策部署全面推进建筑工程“竣工测验合一”改革的实施意见[EB/OL].(2017-08-24).http://www.zj.gov.cn/art/2017/8/24/art_12983_294036.html.

❾ 中共中央办公厅，国务院办公厅．关于深入推进审批服务便民化的指导意见[EB/OL].(2018-05-23).http://www.gov.cn/zhengce/2018-05/23/content_5293101.htm.

## §2.2 相关标准制定情况

国家层面，住房与城乡建设部于 2011 年颁布的《城市测量规范》(CJJ/T 8—2011)行业标准 9.3 节专门对规划监督测量做出了专门规定，这应该是最早涉及规划核实的行业标准。《城市建设工程竣工测量成果规范》(CH/T 6001—2014)对城市建设工程的竣工测量成果做出了具体规定(张保钢 等，2015a)，《城市建设工程竣工测量成果更新地形图数据技术规程》(CH/T 9025—2014)是对竣工测量成果的应用(张保钢 等，2015b)。2018 年 7 月 1 日实施的国家标准《工程测绘基本技术要求》(GB/T 35641—2017)第 6 章为"规划测量"，其中的第 5 节至第 7 节分别为规划放线测量、规划验线测量、规划验收测量。

早在 2006 年，北京率先在国内颁布了有关规划监督测量的地方标准《北京市工程测量技术规程》(DB11/T 339—2006)，其中第 6 章为"建设工程规划监督测量"，包括一般规定、控制测量、灰线验线测量、正负零验线测量、竣工测量、检查与验收这六部分。《城市测量规范》(CJJ/T 8—2011)颁布之后的各地地方标准陆续规定了有关规划核实或规划监督测量的内容。浙江省在 2011 年颁布了《建设工程竣工规划核实测量技术规程》(DB33/T 1085—2011)，规程内容包括控制测量、建(构)筑物工程竣工测量、道路工程竣工测量、地下管线工程竣工测量、建设工程绿地竣工测量，另外附加了建(构)筑物平面位置关系图、高度测量略图、层高测量略图、外轮廓测量及面积计算略图、实测建筑面积及主要技术经济指标汇总表、管线竣工测量记录表、绿地测量成果表。在此标准基础上，温州市规划局于 2014 年 9 月颁布了《温州市市区建筑工程竣工规划核实测量成果要求》❶，该要求分为建设工程竣工规划核实测量内容、技术依据和成果提交三部分。北京市地方标准《城市轨道交通工程规划核验测量规程》(DB11/T 1102—2014)的内容包括控制测量、核验要素测量、竣工测量地形图测绘、地面线路规划核实测量、高架线路规划核实测量、地下线路规划核实测量、建筑规模测量、测量成果整理、测绘成果质量检查与验收等。2017 年 1 月，杭州市规划局发布了《规划测绘技术规定》❷，该规定分为基本规定、控制测量、定位测量、正负零检测、竣工测量五个部分。2018 年 1 月，浙江省评审通过了《建筑工程建筑面积计算和竣工综合测量技术规程》(DB33/T 1152—2018)，这是针对多规合一的地方标准，内容包括控制测量、建筑面积计算规则、房

❶ 温州市规划局．温州市市区建筑工程竣工规划核实测量成果要求[EB/OL]．(2015-01-01)．https://max.book118.com/html/2015/0708/20666428.shtm.

❷ 杭州市规划局．关于印发《杭州市规划局规划测绘技术规定》的通知[EB/OL]．(2017-02-06)．http://www.hzplanning.gov.cn/Data/HTMLFile/2017-02/064a3c5d-d7a6-4eee-915c-0b77de19ace4/b0b04b18-2939-420f-9-636219976741020358.html? template=infoopen.

产测量、规划测量、绿地测量、消防测量、人防测量、地下管线测量、用地复核及不动产测量和成果数据要求。

## §2.3　规划部门对规划核实测量的需求

规划核实的目的是核实建设工程是否符合规划条件，因此规划部门对规划核实测量的基本要求是为判断建设工程是否符合规划条件提供测绘数据支撑，具体如下：

(1)提供判断建(构)筑物的使用性质、建设规模、平面位置、基地高程、层数、高度、立面造型、外装材料、外装色彩等是否符合规划许可文件规定的实地测量与调查数据。

(2)提供判断基础设施和公共设施是否按规划许可文件规定同步完成的数据。

(3)提供判断建筑密度、容积率、绿地率、公共绿地面积、停车泊位等是否与批准的规划设计一致的测量数据。

(4)提供判断建设工程到红线的退距、与周边建筑物间距是否符合规划条件的测量数据。

(5)调查建设用地和代征用地范围内应拆除的建筑物、构筑物是否已拆除完毕。

(6)探测地下管线的布设情况，如测量管线中心线的位置、走向、坐标、管线管径、电缆孔数、材质、检查井、管线的埋设深度和架空线的高度，提供判断这些指标是否符合规划条件要求的测量数据。

(7)测量桥梁、隧道、轨道交通、道路附属设施等市政工程的空间位置与尺寸，提供判断其是否符合规划条件要求的测量数据。

根据《城乡规划法》《气象法》《消防法》和《国务院关于促进节约集约用地的通知》等相关法律和有关规定，竣工核实验收包括规划核实、消防验收、防雷装置验收和用地复核验收。如果像浙江省那样进行实施、竣工测验合一，对核实验收的要求会更高。

## §2.4　业务开展情况

### 2.4.1　放线核实测量

放线核实主要依据放线报告判断是否按放线通知单及其附图放线、是否存在移位情况。

浙江省、贵州省、山东省、江西省、安徽省、沈阳市等省市未对放线核实做出硬性规定，北京、上海、天津、重庆、宜宾等大中城市对建筑工程和管线工程的放线核实做出了明确规定。

### 2.4.2 基础竣工核实测量

基础竣工核实应判断建筑坐标是否与放线时坐标点吻合，建筑是否存在侵占道路红线的现象，建筑后退红线是否满足规划要求，建筑间距是否满足相关标准要求。

浙江省、贵州省、山东省、江西省、安徽省、沈阳市等省市只要求进行竣工核实，未对基础竣工核实做出具体要求。天津市、重庆市要求建筑工程和管线工程进行放线核实、基础竣工核实、工程竣工核实。北京市等地规划主管部门甚至规定在建设工程结构完工等时间节点进行审核。未做基础竣工核实工作的，该阶段的核实测量内容一并到竣工核实阶段完成。

### 2.4.3 工程竣工核实测量

北京、上海、广州、深圳等大中城市都有关于规划核实的规章出台，也都开展了建设工程竣工核实测量工作。从类型上讲，建(构)筑物工程、轨道交通、市政管线类尤其建筑工程类的竣工核实测量工作开展得较好，绿地、地下公共设施的竣工核实测量工作做得相对弱一些。

该项工作存在的问题如下：

(1)竣工核实测量的时机不适宜，一些重要信息未获取。一些建设单位或开发商为了早日竣工验收、办理入住手续，不等建设工程完工(如建筑物外立面未完成、该拆除的设施未完全拆除、相关道路未完工等)就开展竣工核实测量，许多测量指标不准确或与现状出入较大，一些重要地物信息丢漏。例如，由于部分建设单位提前开展竣工测量，造成对外墙装饰层处理的失控，外墙使用涂料和贴大理石的装饰厚度可能相差几十厘米，本来合格的建筑物在使用过厚的装饰材料后，其外围轮廓线却超限。

(2)竣工核实测量成果资料未报送或报送不及时。早期的建设档案保证金制度促使建设单位及时报送竣工验收资料，取消了建设档案保证金后，竣工验收资料的上缴效率大打折扣。

(3)竣工规划核实测量提交的成果文档不能满足规划核实要求。成果文档应包括建设工程竣工验线回单、建设工程竣工比较分析表、建筑面积明细表、建筑面积汇总表、建设工程使用功能标注及现状的地形建筑比较图(1∶500规划设计与现状对比)、现状地形管线图(1∶500规划设计与现状对比)等。而实际提交的成果文档中，存在只有现状没有对比、只有明细没有汇总等问题。

(4)分期规划核实的存在不利于建设工程配套设施的完善，容易产生违法建设，降低政府工作效率。为了建设工程自身需要或房地产开发部门建设资金循环利用及市场变化需要，开展分期规划有其合理一面，但同时带来了一些隐患。例如，分期规划会引起已申请建设工程设计方案的调整，总平面图的调整可能会引起建筑规模增加及建筑物之间间距缩小、人均公共绿地和公共服务设施减少等问题，有的甚至存在开发商先建住宅，配套设施无人修建的现象，严重损害了业主利益。

### 2.4.4　规划核实测量成果的共享、处理和应用

目前，我国规划核实测量成果的应用还处在专数专用阶段，也就是说规划部门组织的规划核实，成果归规划部门所有，成果的共享率或处理深度和应用深度还很低，也就是仅有规划部门下属测绘单位能用其更新地形图数据。如果能在规划相关部门进行数据共享，引用数据挖掘技术、沿着多规合一的思路，规划核实测量成果应该有很大的共享、处理、应用空间。

### 2.4.5　高新技术应用

目前，采用常规测量手段进行规划核实的居多，对能高效、深度应用规划核实测量成果的测绘手段的使用相对较少，如三维激光扫描技术、无人机技术、大数据技术等。

## §2.5　存在问题

总的来讲，规划核实工作尚在起步阶段，规划核实的行政工作与基础信息采集脱节，现行的规划核实测量与规划验收的要求尚有差距。城市建设工程规划核实工作尚存在以下问题：

(1)规划审批后未进行规划核实。有些地方的规划部门在给建设工程审批、放线后，监管不到位，没有按要求很好地开展后续的竣工测量验收工作。

(2)虽然进行了规划核实，但流于形式，形同虚设。提供的竣工测量成果与实际不符、与规划设计完全一致，使竣工测量完全失去了规划核实的意义。

(3)规划核实时机不适宜，一些重要信息未获取。一些建设单位或开发商为了早日竣工验收，办理入住手续，不等建设工程完工(如建筑物外立面未完成、该拆除的设施未完全拆除、相关道路未完工等)就开展竣工测量，使许多测量指标不准确或与现状出入较大，一些重要的地物信息丢漏。

(4)竣工验收资料未报送或报送不及时。新中国成立初期，为保证建设单位及时将建设工程竣工测量成果报送规划档案管理部门，实行了建设档案保证金制度。建设单位在办理建设工程许可证时须缴纳一定数量的建设档案保证金，工程完工后，建设工程竣工测量成果应及时报送规划档案管理部门，规划档案管理部门向建

设单位返还建设档案保证金。受经济利益驱动，竣工验收资料报送比较及时。后来政府部门取消了建设档案保证金，全凭建设单位自觉上交竣工验收资料，执行效果大打折扣，只有少数建设单位能及时报送竣工验收资料。

(5)建设项目分期规划许可与分期规划核实。对于较大的建设工程，如住宅小区等，规划时应有配套的公共服务设施，如学校、商店、医院等。按设计规定，它们的开工时间不一致，如果一次报批，建设单位要准备较多的材料。开发商为了早日竣工收回部分投资，将建设项目分期规划报批，造成分期进行规划核实，给总工程的竣工验收带来许多不便。

(6)外墙装饰层的处理。部分建设单位提前开展竣工测量，造成对外墙装饰层处理的失控，外墙使用涂料和贴大理石的装饰厚度可以相差 1 cm 以上，使本来合格的建筑物在使用过厚的装饰材料后，其外围轮廓线却超限。

## §2.6　改进建议

我国开展规划核实测量工作有强大的法律基础，即《城乡规划法》，而各地方政府也建立了配套的规章，但内容和名称不尽相同。关于规划核实测量，有的叫规划核实测量，有的叫规划监督测量；论其内涵，有的认为只包括建设工程竣工核实测量，有的认为还应包含基础竣工测量和放线核实测量，也有认为除三个环节的核实测量外还应包括规划审批前的测量，如经济指标的测算(建筑密度、建筑高度、容积率等)、日照分析测量、三维数字模型等。如果将多规合一的内容纳入，规划核实测量还应增加其他专业的测量工作。全国范围内应用较多的现行技术标准是《城市测量规范》(CJJ/T 8—2011)，而地方标准在此方面也有重大进展，北京市出台了最细的《城市轨道交通工程规划核验测量规程》(DB11/T 1102—2014)，浙江省出台了最全的《建设工程竣工规划核实测量技术规程》(DB33/T 1085—2011)。规划部门对规划核实测量的需求是核实建设工程是否符合规划条件，而现行的工作状况还不能满足规划部门需要，亟须改进或改变。为此提出以下建议：

(1)建立、完善我国规划核实测量工作制度，研制相关行业或国家标准，将成功的地方标准推广、完善为行业标准或国家标准。

(2)大力开展规划核实测量工作研究，确定规划核实测量的定义、名称、内涵等，加快规划核实测量新技术的引进工作。

(3)出版规划核实测量教材，开展规划核实测量业务培训，培养规划核实测量人才。

(4)加大规划核实测量成果的共享、数据处理和应用。

# 第3章　城市建设工程规划核实测量技术

城市建设工程规划核实测量是城市规划管理的一个重要环节。规划核实是核查城市规划是否得到忠实执行的一个重要步骤，而核实测量则是规划核实的一种重要手段，它能够获取现场的第一手资料。城市建设工程规划核实测量一般分为控制测量、核实要素测量、地形测绘、属性核查、成果制作和质量检验等步骤。城市建设工程规划核实对平面和高程控制测量精度的要求不是很高，很多测量方法能够满足其控制测量要求。常用的平面控制测量方法有全球导航卫星系统（global navigation satellite system，GNSS）测量、导线测量等方法，常用的高程控制测量方法有水准测量、GNSS测量和三角高程导线测量等方法，这些控制测量的具体操作方法属于测绘基础知识，本章不做专门介绍。

## §3.1　规划核实控制测量

城市建设工程规划核实的控制测量包括平面控制测量和高程控制测量两部分。平面控制测量主要用于测量核实对象及其周边环境的平面位置；高程控制测量主要用于测量核实对象的高程，如建筑物散水高程、路面高程等。

### 3.1.1　平面控制测量

在进行平面控制测量前，需要明确两个问题：平面控制测量需要达到什么样的测量精度？可以采用什么样的测量方法？

**1. 平面控制测量的精度**

对于地上主要地物和关键角点的测量，城市建设工程规划核实的平面控制测量应达到三级导线的相应精度要求，采用其他测量方法时应达到相应等级。三级导线或导线网的主要技术要求如表3.1所示，表中 $n$ 为测站数。在等级控制网的基础上布设三级导线或导线网，应注意，导线宜布设成直伸等边形状；导线网中节点与高级点间或节点与节点间的导线长度不应大于附合导线规定长度的0.7倍；附合导线长度短于表3.1规定长度的1/3时，导线全长的绝对闭合差绝对值不应大于130 mm；控制点稀少地区导线的总长和平均边长可放宽为表3.1规定长度的1.5倍，但导线全长的绝对闭合差绝对值不应大于260 mm；控制点稀少地区导线可同级附合一次。

**表 3.1　三级导线或导线网的主要技术要求**

| 附合导线长度/km | 平均边长/m | 测角中误差/(″) | 测回数 | | 方位角闭合差/(″) | 全长相对闭合差 |
|---|---|---|---|---|---|---|
| | | | $DJ_6$ | $DJ_2$ | | |
| 1.5 | 120 | ≤12 | 2 | 1 | $\pm 24\sqrt{n}$ | 1/6 000 |

对于地形图测量，平面控制测量应达到图根控制点的精度。可以采用三级及以上等级导线作为图根导线的首级平面控制，图根导线测量的主要技术要求如表 3.2所示，表中 $n$ 为测站数。图根导线的附合不宜超过 2 次，特殊情况可布设支导线。支导线总长不宜超过 450 m，边数不宜超过 4 条，最大边长不宜超过 160 m，水平角应左、右角各观测 1 测回，圆周角闭合差绝对值不应大于 60″。第一站应观测不同的起始方向，推算方位角应取中数。对于地下工程，其方位角闭合差可放宽至 $\pm 60\sqrt{n}''$（$n$ 为测站数），其他指标不变。

**表 3.2　图根导线测量的主要技术要求**

| 附合导线长度/m | 平均边长/m | 测回数$DJ_6$ | 方位角闭合差/(″) | 全长相对闭合差 | 测距 | | |
|---|---|---|---|---|---|---|---|
| | | | | | 每千米测距中误差/mm | 方法 | 测回数 |
| 900 | 80 | 1 | $\pm 40\sqrt{n}$ | 1/4 000 | ≤10 | 单程观测 | 1 |

## 2. 平面控制测量的常用方法

城市建设工程规划核实平面控制测量的常用测量方法主要有导线测量和全球导航卫星系统(GNSS)实时动态(real time kinematic，RTK)测量两种方法。导线作为平面控制的一种形式，非常适合城市建成区、林木隐蔽区等场合的测量。随着空间技术的发展，基于全球导航卫星系统的卫星定位技术成为最新的空间定位技术，它具有高效率、高精度的特点。RTK 定位技术是基于载波相位观测值的实时动态定位技术，它能够实时地提供测站点在指定坐标系中的三维定位结果。在各地都普遍建设连续运行基准站(continuously operating reference station，CORS)系统的情况下，采用 GNSS RTK 的方法，更加方便快捷，非常适合城市平面控制测量。如果现场已有平面控制点，可在实测校核满足要求的情况下使用。

采用 RTK 布设控制点可采用单基站 RTK 测量或网络 RTK 测量两种方法，测量等级不应低于三级，相关的主要测量技术要求如表 3.3 所示。GNSS RTK 测量可不受基准站等级、流动站到单基准站间距离的限制，但应在城市 CORS 系统的有效服务范围内。困难地区相邻点间距离可缩短为表 3.3 中距离的 2/3，边长较差绝对值应优于 20 mm。

表 3.3　GNSS RTK 平面测量主要技术要求

<table>
<tr><th>等级</th><th>相邻点间距离/m</th><th>点位中误差/mm</th><th>边长相对中误差</th><th>基准站等级</th><th>流动站到单基准站间距离/km</th><th>测回数</th></tr>
<tr><td rowspan="2">三级</td><td rowspan="2">≥200</td><td rowspan="2">≤50</td><td rowspan="2">≤1/6 000</td><td>四等及以上</td><td>≤6</td><td rowspan="2">≥3</td></tr>
<tr><td>二级及以上</td><td>≤3</td></tr>
</table>

GNSS RTK 测量选点时，点位应选在基础坚实稳定、易于长期保存、有利于安全作业的地方；应避开断层破碎带、易于发生滑坡或沉陷等地质构造不稳定区域和地下水位变化较大的地点，避开铁路、公路等易产生震动的地带；与周围微波站、无线电发射塔、变电站等大功率无线电发射源的距离应大于 200 m，与高压输电线、微波通道的距离应大于 100 m；周围应便于安置接收设备并方便作业，视野应开阔；附近不应有大型建筑物、玻璃幕墙及大面积水域等强烈干扰接收机接收卫星信号的物体；应选择在交通便利并有利于扩展和联测的地点；视场内障碍物的高度角不宜大于 15 °；对符合要求的已有控制点，经检查点位稳定可靠的，可充分利用；点位选定后应现场做标记、拍摄照片、绘制略图。

### 3.1.2　高程控制测量

城市建设工程规划核实工作中需要进行高程控制测量的情况包括：灰线阶段，为现场布设施工临时水准点；竣工测量时，测量建筑物散水高程、路面高程；需要为测量地形图做图根控制点时。

**1. 高程控制测量的精度**

施工临时水准点的高程控制测量应使用 $DS_3$ 型或以上等级的水准仪，布设成附合线路，并起闭于四等及以上等级的高程控制点，采用中丝读数法观测，前后视距应近似相等，视线长度不宜大于 100 m，线路总长不应大于 8 km，闭合差绝对值不超过$8\sqrt{n}$ mm（$n$ 为测站数）。

竣工测量和地形测量的高程控制测量应达到图根控制点的精度。水准测量应布设成附合线路，并起闭于等级控制点或施工临时水准点，采用中丝读数法观测，视线长度不宜大于 100 m，线路总长不应大于 8 km，闭合差绝对值不超过 $10\sqrt{n}$ mm（$n$ 为测站数）。

**2. 高程控制测量的常用方法**

高程控制测量除了采用水准测量方法外，还可采用电磁波测距三角高程测量或 GNSS RTK 高程测量等方法。如果现场已有高程控制点，可在实测校核满足要求的情况下使用。

采用电磁波测距三角高程测量布设图根高程控制点，附合线路应起闭于等级控制点或施工临时水准点，宜与导线测量同时进行。仪器高和棱镜高测量取位至0.001 m。电磁波测距三角高程测量主要技术要求如表3.4所示，表中$D$为测距边水平距离，取单位为km时的数值。

**表3.4 电磁波测距三角高程测量的主要技术要求**

| 项目 | 线路长度/km | 最大测距长度/m | 高程闭合差/mm | 对向观测高差较差/mm |
|---|---|---|---|---|
| 限差 | 4 | 500 | $\pm 40\sqrt{\sum D}$ | $\pm 60\sqrt{D}$ |

电磁波测距三角高程测量的垂直角观测主要技术要求如表3.5所示。

**表3.5 垂直角观测主要技术要求**

| 等级 | 测回数 | 指标差/(″) | 垂直角互差/(″) |
|---|---|---|---|
| $DJ_2$ | 1 | 15 | — |
| $DJ_6$ | 2 | 25 | 25 |

采用GNSS RTK高程测量时，其选点要求与GNSS RTK平面控制测量的选点要求一致，因此不再赘述。采用GNSS RTK高程测量布设图根等级的高程控制点时，其观测的主要技术要求应达到三级平面测量技术要求，如表3.6所示。网络RTK测量可不受基准站等级、流动站到单基准站间距离的限制，但应在城市CORS系统的有效服务范围内。GNSS高程测量应在高程异常模型覆盖区域内进行，不应外扩。

**表3.6 GNSS RTK平面测量技术要求**

| 等级 | 相邻点间距离/m | 点位中误差/mm | 边长相对中误差 | 基准站等级 | 流动站到单基准站间距离/km | 测回数 |
|---|---|---|---|---|---|---|
| 三级 | ≥200 | ≤50 | ≤1/6 000 | 四等及以上 | ≤6 | ≥3 |
| | | | | 二级及以上 | ≤3 | |

## 3.1.3 竖井联系测量

竖井联系测量包括地面近井导线测量和近井高程测量、竖井定向测量和导入高程测量、地下近井导线测量和近井高程测量。其中，地面和地下的近井导线测量和近井高程测量要求一致，为避免重复，下文不再区分地面和地下的近井导线测量和近井高程测量。

地下线路的地面控制测量宜利用城市轨道交通工程原有的卫星定位控制点、

精密导线点及高程控制点。地下导线等级不应低于三级导线，地下水准测量应按二等水准相关要求施测。地下控制网一般布设成支导线和支水准路线，有条件时应构成附合路线。

### 1. 近井导线测量

近井导线和近井高程路线应采用附合路线形式的精密导线，精密导线测量的主要技术要求应符合表 3.7 和表 3.8 的规定。表中 $n$ 为导线的转折角个数，导线转折角个数一般不超过 12 个；附合导线线路较长时，宜布设节点导线网，节点间转角个数不超过 8 个。地下近井导线点不应少于 3 个，同类点间应构成检核条件。

**表 3.7　精密导线测量的主要技术要求**

| 闭合或附合导线平均长度 /km | 平均边长 /m | 每边测距中误差 /mm | 测角中误差 /(″) | 方位角闭合差 /(″) | 全长相对闭合差 | 相邻点相对点位中误差 /mm |
|---|---|---|---|---|---|---|
| 3 | 350 | ±3 | ±2.5 | $\pm 5\sqrt{n}$ | 1/35 000 | ±8 |

**表 3.8　精密导线观测的主要技术要求**

| 水平角测回数 | | 边长测回数 | 测距相对中误差 |
|---|---|---|---|
| $DJ_1$ | $DJ_2$ | 标称精度优于 3 mm$+2\times10^{-6}\cdot D$ | 1/80 000 |
| 4 | 6 | 往返各 2 测回 | |

### 2. 近井高程测量

近井高程测量应采用城市轨道交通二等水准测量，其技术要求应符合表 3.9 中二等水准的规定，表中 $L$ 为线路长度，取单位为 km 时的数值。地下近井高程点不应少于2 个，同类点间应构成检核条件。

**表 3.9　城市轨道交通二等水准测量的主要技术要求**

| 水准测量等级 | 每千米高差中数中误差/mm | | 环线或附合水准线路最大长度 /km | 水准仪等级 | 水准尺 | 观测次数 | | 往返测较差、附合线路或环线闭合差 /mm |
|---|---|---|---|---|---|---|---|---|
| | 偶然中误差 $m_\Delta$ | 全中误差 $m_w$ | | | | 与已知点联测 | 附合路线或环线 | |
| 二等 | ±2 | ±4 | 40 | $DS_1$ | 因瓦尺或条码尺 | 往返各一次 | 往返各一次 | $\pm 8\sqrt{L}$ |

### 3. 竖井定向测量

竖井定向测量可采用联系三角形法、陀螺仪和铅垂仪组合定向法等。

1)联系三角形法

联系三角形法每次定向应独立进行3次;悬吊钢丝间距应尽量最大;联系三角形宜成直伸形,全站仪和两根钢丝应近似布置在一条直线上,在地上和地下,全站仪与较近一根钢丝的间距应不大于两根钢丝间距的1.5倍;仪器至钢丝的距离及钢丝间距可采用钢尺丈量或粘贴反射片测量,地面地下钢丝间距测量的较差应小于2 mm;用于角度测量的仪器的标称精度绝对值不应大于2″,用于距离测量的仪器的标称精度绝对值不低于(2+2・$D$)mm($D$为距离,取单位为km时的数值);应采用全圆观测法观测4测回,测角中误差不应大于2.5″;各测回测定的地下起始边方位角较差绝对值应优于20″,方位角平均值中误差绝对值应优于12″。

2)陀螺仪和铅垂仪组合定向法

陀螺仪和铅垂仪组合定向法用于角度测量的仪器的标称精度绝对值不应大于2″,用于距离测量的仪器的标称精度绝对值不应大于(2+2・$D$)mm($D$为距离,取单位为km时的数值);陀螺经纬仪一测回定向中误差应小于20″;铅垂仪投点误差不应大于3 mm;应采用“地面已知边—地下定向边—地面已知边”的定向程序;同一边应定向3次,每次3测回,测回间陀螺方位角较差绝对值应优于20″,3次定向陀螺方位角平均值较差绝对值不应大于12″,3次定向陀螺方位角平均值中误差绝对值应小于8″。

4. 导入高程测量

导入高程测量采用悬吊钢尺法。在竖井内悬吊钢尺进行高程传递测量时,地面、地下的2台水准仪应同时读数,并在钢尺上悬吊与其检定时相同质量的重锤。传递高程时独立观测3次,高差较差绝对值应小于3 mm。高差应进行温度改正、尺长改正。

## §3.2 核实要素测量

城市建设工程规划核实的主要工作就是验证建设工程平面位置、高度和建筑面积等指标是否符合规划审批要求。因此,一般的城市建设工程,其规划核实要素测量的工作可分为平面位置测量、高度测量和面积测量三部分。有些建设工程,是以长度、体积或容积等其他较少见的形式作为控制其建筑规模的指标,这时候就应该核实其长度、体积或容积。其中体积或容积可分解为分段长度进行处理。

### 3.2.1 平面位置测量

1. 测量内容

一个建设工程,无论其规模多么庞大,其平面位置均可分解成一个个条件点。所谓条件点,是指对实现规划条件有制约作用的点位。条件点分为三类:第一类是新建建设工程本身的关键点位,如新建建筑物的主要角点;第二类是与新建建设工程有尺寸关系的周边相邻建筑的关键部位，如临近建筑的某条边、某段围墙，那么确定这条边、这段围墙的关键角点就是条件点；第三类是新建建设工程周边的规划红线的关键点，如建筑用地边界点。第三类条件点直接采用规划数据，不用现场测量。

由上可知，平面位置的测量实际上分解为第一类和第二类对条件点的测量。条件点的设置为：对于第一类条件点，取用规划文件中标注了坐标和距离的点位或边；对于第二类条件点，取用与新建建设工程有距离关系的边和角。上述设置方式中如果取用边，则选定该边的特征点。

对于第二类点，其在整个建设过程中一般不会变化，可以一次测量重复使用。但是对于第一类条件点，其在整个建设过程中的形态和位置一直在变化，需要合理地进行处理。假设有一个新建办公楼，在规划文件上对该楼的东南角标注了坐标，那么该楼东南角就是规划核实测量各阶段应测量的一个条件点。在灰线测量阶段，该条件点可能是现场的钉桩点位，也可能是撒的灰线角点。在正负零测量阶段，该条件点可能已经浇筑完成，是一个墙角点；可能还没浇筑完成，只是一个支护模板的角点；如果该楼东南角是一个悬挑楼角，可能在此阶段根本找不到，因为还没有施工到该阶段。在竣工测量阶段，该条件点应该已经装修完毕，可能是个干挂石材的角点。测量时，不要被其各种形态所迷惑，要正确辨识，找到应该测量的点位。

**2. 测量方法**

条件点测量可采用双极坐标法、前方交会法、导线联测法、GNSS RTK 法或量距法等方法。采用双极坐标法、前方交会法时，点位较差绝对值应不大于 50 mm，成果取用平均值。采用前方交会法时，交会角度宜在 30°～150°，且交会距离宜小于100 m。导线联测法就是将待测的条件点直接作为导线点联入导线，导线作业方法和精度要求前面已经介绍过了，这里不再赘述。采用 GNSS RTK 法时，作业方法和精度要求按照三级 GNSS RTK 控制点的要求处理。对于量距法，采用钢尺量距或手持激光测距仪测距时，应采用单程双次丈量方法，2 次量距较差绝对值应在 20 mm之内，成果取用平均值。

条件点外业测量结束后，应及时进行计算、检算、整理，编写外业施测工作说明并绘制工作略图，工作略图应按比例标明导线点与条件点的相对位置，并与工作说明相对应。有条件时，应校核所测条件点的正确性，如展绘到地形图上校核其位置。

**3. 四至距离测算**

条件点测量只是核实建设工程平面位置的基础，真正反映建设工程平面位置的是其与四至的尺寸关系。因此，在测得了条件点坐标之后，应通过条件点坐标计算新建建设工程与四至的距离。四至是与建(构)筑物或拟建建(构)筑物存在直接位置关系的周边地物和规划控制线。

新建建设工程角点坐标及其与四至的距离，应参照规划文件及相关设计图纸计算，四至距离应与规划文件中标注的位置、数据一一对应。验线测量宜检测涉及四至距离的细部点位，也可验测外廓角点或轴线点，并根据建筑施工图推求细部点位进行计算。规划文件中标注距离的细部点位不明确时，可依据与规划文件一致的数字设计图解算该细部点位，也可由最近点位计算。四至边界应与规划文件中所示的四至边界一致，涉及规划用地红线和规划道路时，应复核其变更情况。四至周边建筑未建时，可不计算间距，也可依据其设计坐标计算，并应在测量平面图上注明。四至周边建筑正在建设、无法实测时，可依据该建(构)筑物的初始验线测量成果计算，并应在测量平面图上注明。

建(构)筑物与四至的距离测量可使用钢尺或手持激光测距仪进行实地量测，也可解析计算相关尺寸。采用钢尺量距或手持激光测距仪测距时，应采用单程双次丈量方法，2 次量距较差绝对值应在 20 mm 之内，成果取用平均值。

### 3.2.2 高度测量

1. 测量内容

竣工测量阶段应该测量建(构)筑物的高度、层数和建(构)筑物室外地坪的高程。平屋顶建(构)筑物的高度，应测量女儿墙顶到室外地坪的高度及女儿墙高。室外地坪指建筑外墙散水处，当建筑不同位置的散水高程不一致时，以建筑高度相关方向的散水平均位置为室外地坪。坡屋面或其他曲面屋顶建(构)筑物的高度，一般测量建(构)筑物屋面下檐口至室外地坪的高度，当屋顶坡度大于 30°时，测量坡屋顶高度一半处至室外地坪的高度(具体测量位置应符合各地方规划部门的规定)。变电室、楼梯、电梯间等地面附属设施的高度，应测量其顶端至室外地坪的高度。阶梯式建筑应测出不同楼层的高度。

地下建(构)筑物的高度指净空高度或室外地坪至底板的高度。净空高度应在规划文件注明的位置进行测量，不同的净空高度应分别进行测量，并在剖面示意图中明确表示；各层结构厚度宜实测；规划文件中明确覆土厚度的宜实测。

2. 测量方法

建(构)筑物的高度测量可采用电磁波测距三角高程测量、钢尺或手持激光测距仪测量等方法。采用电磁波测距三角高程测量法时，应变换仪器高或觇标高测 2 次；采用钢尺量距或手持激光测距仪测距时，应采用单程双次丈量方法。2 次测量值的较差绝对值应不大于 100 mm，成果取用平均值。

室外地坪高程测量应采用不低于图根水准或图根三角高程的方法来测量，本书不再赘述。

### 3.2.3 面积测量

1. 面积计算原则

城市建设工程规划核实的面积测量的目的是核实建筑面积是否符合规划文件

的要求，因此其面积计算原则应为建筑设计所执行的建筑工程建筑面积计算规范，具体原则如下：

(1)建筑物的建筑面积应按自然层外墙结构外围水平面积的和计算。结构层高在 2.20 m 及以上的，应计算全面积；结构层高在 2.20 m 以下的，应计算 1/2 面积。

(2)建筑物内设有局部楼层时，对于局部楼层的二层及以上楼层，有围护结构的应按其围护结构外围水平面积计算，无围护结构的应按其结构底板水平面积计算。且结构层高在 2.20 m 及以上的，应计算全面积；结构层高在 2.20 m 以下的，应计算 1/2 面积。

(3)对于形成建筑空间的坡屋顶，结构净高在 2.10 m 及以上的部位应计算全面积，结构净高在 1.20 m 及以上至 2.10 m 以下的部位应计算 1/2 面积，结构净高在 1.20 m 以下的部位不应计算建筑面积。

(4)对于场馆看台下的建筑空间，结构净高在 2.10 m 及以上的部位应计算全面积，结构净高在 1.20 m 及以上至 2.10 m 以下的部位应计算 1/2 面积，结构净高在 1.20 m 以下的部位不应计算建筑面积。室内单独设置的有围护设施的悬挑看台，应按看台结构底板水平投影面积计算建筑面积。有顶盖、无围护结构的场馆看台应按其顶盖水平投影面积的 1/2 计算面积。

(5)地下室、半地下室应按其结构外围水平面积计算。结构层高在 2.20 m 及以上的，应计算全面积；结构层高在 2.20 m 以下的，应计算 1/2 面积。

(6)出入口外墙外侧坡道有顶盖的部位，其面积应按其外墙结构外围水平面积的 1/2 计算。

(7)建筑物架空层及坡地建筑物吊脚架空层，应按其顶板水平投影计算建筑面积。结构层高在 2.20 m 及以上的，应计算全面积；结构层高在 2.20 m 以下的，应计算 1/2 面积。

(8)建筑物的门厅、大厅应按一层计算建筑面积，门厅、大厅内设置的走廊应按走廊结构底板水平投影面积计算建筑面积。结构层高在 2.20 m 及以上的，应计算全面积；结构层高在 2.20 m 以下的，应计算 1/2 面积。

(9)对于建筑物间的架空走廊，有顶盖和围护结构的，应按其围护结构外围水平面积计算全面积；无围护结构、有围护设施的，应按其结构底板水平投影面积计算 1/2 面积。

(10)对于立体书库、立体仓库、立体车库，有围护结构的，应按其围护结构外围水平面积计算建筑面积；无围护结构、有围护设施的，应按其结构底板水平投影面积计算建筑面积。无结构层的应按一层计算，有结构层的应按其结构层面积分别计算。结构层高在 2.20 m 及以上的，应计算全面积；结构层高在 2.20 m 以下的，应计算 1/2 面积。

(11)有围护结构的舞台灯光控制室,应按其围护结构外围水平面积计算。结构层高在2.20 m及以上的,应计算全面积;结构层高在2.20 m以下的,应计算1/2面积。

(12)附属在建筑物外墙的落地橱窗,应按其围护结构外围水平面积计算。结构层高在2.20 m及以上的,应计算全面积;结构层高在2.20 m以下的,应计算1/2面积。

(13)窗台与室内楼地面高差在0.45 m以下,且结构净高在2.10 m及以上的凸(飘)窗,应按其围护结构外围水平面积计算1/2面积。

(14)有围护设施的室外走廊(挑廊),应按其结构底板水平投影面积计算1/2面积;有围护设施(或柱)的檐廊,应按其围护设施(或柱)外围水平面积计算1/2面积。

(15)门斗应按其围护结构外围水平面积计算建筑面积,且结构层高在2.20 m及以上的,应计算全面积;结构层高在2.20 m以下的,应计算1/2面积。

(16)门廊应按其顶板的水平投影面积的1/2计算建筑面积。有柱雨篷的结构应按其结构板水平投影面积的1/2计算建筑面积;无柱雨篷的结构,外边线至外墙结构外边线的宽度在2.10 m及以上的,应按雨篷结构板的水平投影面积的1/2计算建筑面积。

(17)设在建筑物顶部的、有围护结构的楼梯间、水箱间、电梯机房等,结构层高在2.20 m及以上的应计算全面积;结构层高在2.20 m以下的,应计算1/2面积。

(18)围护结构不垂直于水平面的楼层,应按其底板面的外墙外围水平面积计算。结构净高在2.10 m及以上的部位,应计算全面积;结构净高在1.20 m及以上至2.10 m以下的部位,应计算1/2面积;结构净高在1.20 m以下的部位,不应计算建筑面积。

(19)建筑物的室内楼梯、电梯井、提物井、管道井、通风排气竖井、烟道,应并入建筑物的自然层计算建筑面积。有顶盖的采光井应按一层计算面积,且结构净高在2.10 m及以上的,应计算全面积;结构净高在2.10 m以下的,应计算1/2面积。

(20)室外楼梯应并入所依附建筑物自然层,并应按其水平投影面积的1/2计算建筑面积。

(21)在主体结构内的阳台,应按其结构外围水平面积计算全面积;在主体结构外的阳台,应按其结构底板水平投影面积计算1/2面积。

(22)有顶盖、无围护结构的车棚、货棚、站台、加油站、收费站等,应按其顶盖水平投影面积的1/2计算建筑面积。

(23)以幕墙为围护结构的建筑物,应按幕墙外边线计算建筑面积。

(24)建筑物的外墙外保温层,应按其保温材料的水平截面积计算,并计入自然层建筑面积。

(25)与室内相通的变形缝，应按其自然层合并在建筑物建筑面积内计算。对于高低联跨的建筑物，当高低跨内部连通时，其变形缝应计算在低跨面积内。

(26)对于建筑物内的设备层、管道层、避难层等有结构层的楼层，结构层高在2.20 m及以上的，应计算全面积；结构层高在2.20 m以下的，应计算1/2面积。

(27)下列项目不应计算建筑面积：与建筑物内不相连通的建筑部件；骑楼、过街楼底层的开放公共空间和建筑物通道；舞台及后台悬挂幕布和布景的天桥、挑台等；露台、露天游泳池、花架、屋顶的水箱及装饰性结构构件；建筑物内的操作平台、上料平台、安装箱和罐体的平台；勒脚、附墙柱、垛、台阶、墙面抹灰、装饰面、镶贴块料面层、装饰性幕墙，主体结构外的空调室外机搁板(箱)、构件、配件，挑出宽度在2.10 m以下的无柱雨篷和顶盖高度达到或超过两个楼层的无柱雨篷；窗台与室内地面高差在0.45 m以下且结构净高在2.10 m以下的凸(飘)窗，窗台与室内地面高差在0.45 m及以上的凸(飘)窗；室外爬梯、室外专用消防钢楼梯；无围护结构的观光电梯；建筑物以外的地下人防通道，独立的烟囱、烟道、地沟、油(水)罐、气柜、水塔、贮油(水)池、贮仓、栈桥等构筑物。

### 2. 测量内容

房屋面积测量的数据采集内容一般包括房屋的边长数据、房屋的墙体厚度数据、房屋特征点的位置数据、房屋的房角坐标数据。

实地采集房屋边长时，形状规则的房屋，要进行总尺和分尺边长数据校核。相同的套或单元应进行数据检核，总长度或分段长度应有多余测量数据。当房屋的边长较长且直接测量有困难，或需要校核总边长与分段边长的和却无法直接测量总边长时，可在仪器实测坐标后通过解析法计算相应边长值。墙体分为建筑物室内墙体和建筑物外墙体。采集建筑物内的边长及室内墙体厚度数据时，应取未进行装饰贴面处理的部位进行测量。建筑物的外墙体包括结构墙体、保温层及敷设于其外的贴面、挂层、幕墙等(用于装饰造型的除外)。实测建筑物外廓边长及外墙体的厚度时，应沿建筑物外墙体的最外层表面的勒脚以上量取数据。平台需要采集的数据包括平台下方建筑的外围尺寸、平台下方建筑外围与平台周边建筑外围的相对位置关系。对地下空间(含地下室)进行房屋边长测量时，可实测室内边长及外墙厚度。当外墙厚度无法测量时，可参考建设工程施工图。外业数据采集完成后，应核查建筑物中的技术层、夹层、暗层、地下层、阳台、室内花园、卫生间、楼顶等隐蔽地方。必要时应拍摄照片，方便计算、检查使用。

### 3. 测量方法

1)测前准备

实地进行房屋面积测量数据采集时，必须绘制房屋面积测算草图。草图可以使用建设工程施工图、竣工图的电子版本制作，可以参考建设工程施工图、竣工图绘制，当无法获得建设工程施工图和竣工图时，应在数据采集现场绘制。

在保证图面清晰、布局合理的基础上，草图的规格宜采用标准纸张大小A4、A3幅面，同一项目宜采用统一规格的面积测算草图。房屋数据实地采集前草图的绘制应绘制所要测量面积的界线、共有部分界线及其所在部位；夹层、架空层、设备层、结构转换层、避难层等应单独绘制草图，并注明所在部位；应依据相关资料注记共有部分的名称；应绘制房屋的平台、斜坡屋顶下方不计入建筑面积部位的图形；应绘制室内墙体、柱垛、烟道、垃圾道、通风道等凸凹部位的图形。

2）丈量方法

建筑物的边长丈量宜采用钢尺或手持测距仪独立测量2次，2次丈量较差的绝对值不应大于5 mm，结果应取中数。采用钢尺或手持测距仪无法准确测量距离时，可采用坐标解析法施测建筑物各主要角点，并宜通过一站测量完成。需要在多个测站量测时，所使用仪器的测角精度不应低于7″，测距标称精度中的固定误差应不大于5 mm，比例误差系数应不大于3 mm/km。房屋存在不规则形状时，可使用仪器实测该形状几何要素，通过几何公式计算房屋建筑面积；也可实测该形状若干特征点或拐点的点位，通过解析法计算建筑面积。

3）记录要求

草图的现场注记应满足以下要求：外业数据采集的草图记录必须在实地完成；房屋面积测算草图上的数据只可划改，不可涂改；实际测量的数据应标注在草图的相应位置，当无法标注时，应引至空白处标注清楚；草图上汉字的字头一律向北（上）注记，数字字头应向北（上）、向西（左）注记，沿墙体所测得的边长数据应当紧靠草图上相应的墙体处平行于墙体记录；应注记现场测量的边长数据、墙厚数据及层（净）高数据；跨墙体、跨构筑物（如在草图上可显示的垛、凹槽）测得的数据必须在草图上标出该长度的起止位置，墙厚数据的圆圈必须压住该数据所表示的墙体；应注记房屋坐落、街巷名称、邻户门牌、指北方向以及实际楼号、幢号、单元号、房间号、层数、所在层次和实际开门位置等；应在草图上标注阳台的封闭状况、凸窗的窗台状况、平台的位置及其他特殊部位说明；应注记测量员、记录员、检查员、仪器编号、测量日期，必要时加注天气状况；当草图所示与房屋现实状况不一致时，宜另绘草图，也可直接在草图上修改，同时应标注被改动部位。

## §3.3 竣工地形图测绘

### 3.3.1 测绘要求

城市建设工程规划核实在竣工测量阶段应测绘地形图，主要是测绘数字线划地图（digital line graph，DLG）。竣工测量地形图测绘应在建（构）筑物竣工后进行实地测绘，成图比例尺一般采用1∶500。竣工测量地形图范围宜测至建设区外第一栋建筑物，或市政道路或建设区外 30 m 范围线，一般采用自由分幅。涉及规划文件的地物点相对邻近图根点的点位中误差绝对值不应大于 50 mm，地物点之间的间距中误差绝对值不应大于 70 mm；其他地物点相对邻近图根点的点位中误差绝对值不应大于 70 mm，地物点之间的间距中误差绝对值不应大于 100 mm；地物点的高程中误差绝对值不应大于 40 mm。竣工测量地形图的图式符号应符合国家或地方的规定，并进行图廓整饰。竣工测量地形图的地形地物要素宜进行分类和分层，方便后续利用，如更新城市基本地形图。竣工测量地形图数据宜采用国家现行规定的格式或通用的地理信息系统（geographic information system，GIS）软件数据格式进行存储和交换。

竣工测量地形图宜采用全野外数字测图方法，其平面和高程控制均应满足图根精度，常用的测量方法为图根导线和图根水准或三角高程测量法，这些方法前面均已介绍，因此不再赘述。在平坦开阔地区图根点密度宜达到每平方千米 64 个。

### 3.3.2　测绘内容

1∶500、1∶1 000、1∶2 000 数字线划地图测绘内容应包括测量控制点、水系、居民地及设施、交通、管线、境界与政区、地貌、植被与土质等要素，并应着重表示与城市规划、建设有关的各项要素。

**1. 测量控制点要素**

各等级测量控制点应测绘其平面的几何中心位置，并表示类型、等级和点名。

**2. 水系要素**

水系要素一般应按下列要求进行测绘及表示：

(1)江、河、湖、海、水库、池塘、沟渠、泉、井及其他水利设施均应测绘并表示，有名称的应注记名称。可根据需要测注水深，也可用等深线或水下等高线表示。

(2)河流、溪流、湖泊、水库等水涯线，宜按测绘时的水位测定。当水涯线与陡坎线在图上投影距离小于 1 mm 时，水涯线不表示。图上宽度小于 0.5 mm 的河流、图上宽度小于 1 mm 或 1∶2 000 图上宽度小于 0.5 mm 的沟渠宜用单线表示。

(3)海岸线应以平均大潮高潮的痕迹所形成的水陆分界线为准。各种干出滩应在图上用相应的符号或注记表示，并适当测注高程。

(4)应根据需求测注水位高程及施测日期；水渠应测注渠顶边和渠底高程；时令河应测注河床高程；堤、坝应测注顶部及坡脚高程；池塘应测注塘顶边及塘底高程；泉、井应测注泉的出水口与井台高程，并根据需求测注井台至水面的深度。

**3. 居民地及设施要素**

居民地及设施要素一般应按下列要求进行测绘及表示：

(1)居民地的各类建(构)筑物及主要附属设施应准确测绘外围轮廓并如实反映建筑结构特征。

(2)房屋的轮廓应以墙基外角为准，按建筑材料和性质分类并注记层数。1∶500、1∶1 000数字线划地图，房屋应逐个表示，临时性房屋可舍去；1∶2 000数字线划地图可适当综合取舍，图上宽度小于0.5 mm的小巷可不表示。

(3)建筑物和围墙轮廓凸凹在图上小于0.4 mm、简单房屋小于0.6 mm时可舍去。

(4)1∶500数字线划地图，房屋内部天井宜区分表示，1∶1 000数字线划地图上6 $mm^2$以下的天井可不表示。

(5)工矿及设施应在图上准确表示其位置、形状和性质特征。依比例尺表示的，应实测其外部轮廓，并配置符号或按图式规定用依比例尺符号表示；不依比例尺表示的，应测定其定位点或定位线，用不依比例尺符号表示。

(6)垣栅的测绘应类别清楚、取舍得当。城墙按城基轮廓依比例尺表示，城楼、城门、豁口均应实测；围墙、栅栏、栏杆等可根据其永久性、规整性、重要性等综合取舍。

**4. 交通要素**

交通要素一般应按下列要求进行测绘及表示：

(1)应反映道路的类别和等级、附属设施的结构和关系，正确处理道路的相交关系及与其他要素的关系。正确表示水运和海运的航行标志、河流的通航情况及各级道路的通过关系。

(2)铁路轨顶、公路路中、道路交叉处、桥面等应测注高程，曲线段的铁路应测注内侧轨顶高程，隧道、涵洞应测注底面高程。

(3)公路与其他双线道路在图上均应按实宽依比例尺表示。应在图上每隔15～20 cm注出公路技术等级代码，国道应注出国道路线编号。公路、街道应按其铺面材料分别以砼、沥、砾、石、砖、碴、土等注记于图中路面上，铺面材料改变处应用地类界符号分开。

(4)铁路与公路或其他道路平面相交时，铁路符号不应中断，而应将另一道路符号中断。城市道路为立体交叉或高架道路时，应测绘桥位、匝道与绿地等，多层交叉重叠、下层被上层遮住的部分不绘，桥墩或立柱根据用图需求表示，垂直的挡土墙可绘实线而不绘挡土墙符号。

(5)路堤、路堑应按实地宽度绘出边界，并应在其坡顶、坡脚适当测注高程。

(6)道路通过居民地应按真实位置绘出且不宜中断；高速公路应绘出两侧围建的栅栏、墙和出入口，并注明公路名称，中央分隔带可根据用图需求表示；市区街道应将车行道、过街天桥、过街地道的出入口、分隔带、环岛、街心花园、人行道与绿化带等绘出。

(7)跨河或谷地等的桥梁，应实测桥头、桥身和桥墩位置，并注明建筑结构；码头应实测轮廓线，并注明其名称，无专有名称时注记“码头”；码头上的建筑应实测并以相应符号表示。

5. **管线要素**

管线要素一般应按下列要求进行测绘及表示：

(1)永久性的电力线、电信线均应准确表示，电杆、铁塔位置应实测。当多种线路在同一杆架上时，只表示主要的。各种线路应做到线类分明，走向连贯。

(2)架空的、地面上的、有管堤的管道均应实测，分别用相应符号表示，并注记传输物质的名称。当架空管道直线部分的支架密集时，可适当取舍。地下管线检修井宜测绘表示。

6. **境界与政区要素**

境界与政区要素一般应按下列要求进行测绘及表示：

(1)数字线划地图上应正确反映境界的类别、等级、位置及与其他要素的关系。

(2)县(市、区、旗)和县以上境界应根据勘界协议、有关文件准确绘出，界桩、界标应精确表示几何位置。乡、镇和乡级以上国营农、林、牧场及自然保护区界线可按需要测绘。

(3)两级以上境界重合时，应以高一级境界符号表示。

7. **地貌要素**

地貌要素一般应按下列要求进行测绘及表示：

(1)应正确表示地貌的形态、类别和分布特征。

(2)自然形态的地貌宜用等高线表示，崩塌残蚀地貌、坡、坎和其他特殊地貌应用相应符号或用等高线配合符号表示。城市建筑区和不便于绘等高线的地方，可不绘等高线。

(3)各种自然形成和人工修筑的坡、坎，其坡度在70°以上时应以陡坎符号表示，在70°以下时应以斜坡符号表示；在图上投影宽度小于2 mm的斜坡，应以陡坎符号表示；当坡、坎比高小于1/2基本等高距或在图上长度小于5 mm时，可不表示；坡、坎密集时，可适当取舍。

(4)梯田坎、坡顶及坡脚宽度在图上大于2 mm时，应实测坡脚；测制1：2 000数字线划地图时，若两坎间距在图上小于5 mm，可适当取舍；梯田坎比较缓且范围较大时，也可用等高线表示。

(5)坡度在70°以下的石山和天然斜坡，可用等高线或用等高线配合符号表示；独立石、土堆、坑穴、陡坎、斜坡、梯田坎、露岩地等应测注上下方高程，也可测注上方或下方高程并量注比高。

(6)各种土质按图式规定的相应符号表示，大面积沙地应采用等高线加注记表示。

(7)高程注记点应分布均匀，丘陵地区高程注记点间距应符合表3.10的规定。平坦及地形简单地区可放宽至1.5倍，地貌变化较大的丘陵地、山地与高山地应适当加密；山顶、鞍部、山脊、山脚、谷底、谷口、沟底、沟口、凹地、台地、河川湖池岸旁、水涯线上及其他地面倾斜变换处，均应测高程注记点；城市建筑区高程注记点应测设在街道中心线、街道交叉中心、建筑物墙基脚和相应的地面、管道检查井井口、桥面、广场、较大的庭院内或空地上及其他地面倾斜变换处；基本等高距为 0.5 m 时，高程注记点应注至厘米；基本等高距大于 0.5 m 时，可注至分米。

**表 3.10 丘陵地区高程注记点间距**

| 比例尺 | 1∶500 | 1∶1 000 | 1∶2 000 |
|---|---|---|---|
| 高程注记点间距/m | 15 | 30 | 50 |

(8)计曲线上的高程注记，字头应朝向高处，但不应在图内倒置；山顶、鞍部、凹地等不明显处等高线应加绘示坡线；当首曲线不能显示地貌特征时，可测绘 1/2 基本等高距的间曲线。

8. **植被与土质要素**

植被与土质要素一般应按下列要求进行测绘及表示：

(1)数字线划地图上应正确反映植被的类别特征和范围分布；对耕地、园地应实测范围，并配置相应的符号。大面积分布的植被在能表达清楚的情况下，可采用注记说明；同一地段生长有多种植物时，可按经济价值和数量适当取舍，符号配置连同土质符号不应超过 3 种。

(2)种植小麦、杂粮、棉花、烟草、大豆、花生和油菜等的田地应配置旱地符号，有节水灌溉设备的旱地应加注“喷灌”“滴灌”等；经济作物、油料作物应加注品种名称；一年分几季种植不同作物的耕地，应以夏季主要作物为准配置符号并表示。

(3)在图上宽度大于 1 mm 的田埂应用双线表示，小于 1 mm 的用单线表示。田块内应测注高程。

9. **注记**

(1)各种名称、说明注记和数字注记应准确注出。

(2)图上所有居民地、道路(包括市镇的街、巷)、山岭、沟谷、河流等自然地理名称，以及主要单位等名称，均应进行调查核实，有法定名称的应以法定名称为准，并正确注记。

### 3.3.3 常见工程测绘要点

1. **工业建筑工程**

工业建筑工程竣工测量一般应按下列要求进行测绘：

(1)工业厂房及一般建筑物应测定厂房各主要角点坐标、车行道入口、各种管线进出口位置和高程，测定主体房顶(女儿墙除外)、地平、房角室外高程，并注记厂名、车间名称、结构层数等。

(2)厂区铁路应测定路线转折点、曲线起终点、车挡和道叉中心，测定弯道、道叉、桥涵等构筑物位置和高程。直线段每25 m测出轨顶及路基的高程。曲线段半径小于500 m的每10 m取一点，半径大于500 m的每20 m取一点。

(3)厂区内部道路应测定路线起终点、交叉点和转折点，测定弯道、路面、人行道、绿化带界线、构筑物位置和高程，并标注路面结构、路名、道路去向。

(4)地下管线应测定检修井、转折点、起终点和三通等特征点的坐标，测定井旁地面、井盖、井底、沟槽、井内敷设物和管顶等处的高程，井距大于75 m时，应测定井内管顶或井底高程，并应加测中间点。图上应注明井的编号、管道名称、管径、管材及流向。地下管线的测定宜在管沟回填前完成。

(5)架空管线应测定管线转折点、结点、交叉点和支点的三维位置，测定支架旁地面高程。

(6)沉淀池、烟囱、天然气罐、反应炉等特种构筑物及其附属构筑物的三维位置、与各种管线沟槽的接口位置等均应表示，还应测出烟囱及炉体高度、沉淀池深度等。

(7)须计算建筑面积的建筑物，应采用钢尺或手持测距仪量测该幢建筑物的四周边长及各层不同结构的边长。

(8)围墙拐点的坐标、绿化区边界及不同专业的规划验收需要反映的设施和内容，应进行测绘。

(9)工业建筑工程中的地下工程也应测绘在竣工地形图中。

### 2. 民用建筑工程

民用建筑工程竣工测量一般应按下列要求进行测绘：

(1)民用建筑应测定建筑物各主要角点坐标、车行道入口、各种管线进出口位置及高程，以及房角室外高程、零层高程、结构层数、主体房顶高程等。测定的建筑物坐标的角点应与建筑建设放样角点一致，矩型建筑不应少于3点，圆形建筑不应少于4点，异形建筑以满足控制建筑物形状的足够点位为准。

(2)建筑区内部道路应测定路线起终点、交叉点和转折点的三维位置，弯道、路面、人行道、绿化带界线，以及构筑物位置和高程，并标注路面结构、路名、道路去向。

(3)民用建筑建设区域内的地下管线应全面测量，给水、燃气、电力管线应探测到分户表，排水管线应探测到化粪池。

(4)须计算建筑面积的建筑物，应采用钢尺或手持测距仪量测该幢建筑物的四周边长及各层不同结构的边长。

(5)民用建筑工程中的地下工程也应测绘在竣工地形图中。

### 3. 城市道路工程

城市道路工程竣工测量一般应按下列要求进行测绘：

(1)道路工程竣工图应根据实际现状进行测量。道路中心直线段每25 m施测一个三维坐标点，曲线段起终点、中间点每隔15 m施测一个三维坐标点，道路坡度变化处加测坐标点。

(2)过街管道、沟道、盲沟设施及立交桥附属的地下管线等设施的竣工测量，应在施工中进行。

(3)过街天桥应测注天桥底面高程，标注与路面的净空高。

**4. 城市桥梁工程**

城市桥梁工程竣工测量一般应按下列要求进行测绘：

(1)在桥梁工程竣工后应对桥墩、桥面及其附属设施进行现状测量。

(2)每个桥墩应按地面实际大小施测角点或周边坐标和高程。

(3)桥面测量应沿桥梁中心线和两侧，包括桥梁特征点在内，以 20～50 m 间距施测三维坐标点。

(4)桥梁工程测量时，应由甲方提供或到相关单位调查收集最高洪水位、常年洪水位、常年枯水位、最低枯水位、通航水位等资料，并标注在桥梁工程竣工图上。

(5)桥梁工程区域的地下管线应全面测量。

(6)桥梁工程竣工测量应提交的资料宜包括 1：500 桥梁竣工图、墩台中心间距表、桥梁中心线中桩高程一览表、桥梁竣工测量技术说明。

**5. 地下管线工程**

(1)地下管线竣工测量对象宜包括给水、排水、燃气、工业、热力、电力、电信等管线，探测管线应与建设工程周边市政管线衔接。

(2)地下管线测量的取舍应参照相关规定，结合各个区域的具体情况，划分为市政管线和小区管线，并按表 3.11 的规定取舍，表 3.11 中管径指不含管道保护层的管道直径(含管壁厚)。

**表 3.11 市政管线和小区管线测量的取舍要求**

| 管线种类 | 取舍要求 | |
|---|---|---|
| | 市政管线 | 小区管线 |
| 给水 | 管径≥100 mm 应测量 | 原则上测至每幢建筑的总阀 |
| 排水 | 管径≥300 mm 或箱涵≥300 mm×300 mm 应测量，雨水、污水箅子可不测 | 雨水管线从每幢建筑起点测至市政管道连接井，污水管线从化粪池测至市政管道连接井 |
| 燃气 | 管径≥89 mm 应测量 | 原则上测至每幢建筑的调压箱 |
| 工业 | 全测 | 全测 |
| 热力 | 全测 | 全测 |
| 电力 | 电压>380 V 及路灯、交通信号灯全测 | 全测，单根电缆式的路灯不测 |
| 电信 | 全测 | 全测 |

(3)地下管线测量宜在覆土前进行。对建设区范围内的地下管线应查明其敷设状况,对于明显管线点,应实地调查、记录和量测所露出的管线及其附属设施,还应查明隐蔽管线的特征点在地面的投影位置,特征点应含交叉点、分支点、转折点、变材点、变径点、变坡点、起讫点、上杆、下杆及管线上的附属设施中心点等。地下管线的建(构)筑物和附属设施测量内容应符合表3.12的规定。

**表3.12　地下管线的建(构)筑物和附属设施测量内容**

| 管线种类 | 管线点 | | 量注项目 | 测注高程位置 |
|---|---|---|---|---|
| | 特征点 | 附属物 | | |
| 给水 | 弯头、三通、四通、变径、直线点 | 阀门、消防栓、各种检修井、水表、各种阀门井、预留接头 | 管径、材质、埋深 | 顶端及地面高程 |
| 排水 | 起终点井、进出水口、交叉口井、转折点井、直线点 | 各种检修井、排水装置 | 管径(断面尺寸)、流向、埋深、材质 | 管底、方沟底及地面高程 |
| 燃气 | 弯头、三通、四通、直线点 | 排气装置、阀门、各种检修井 | 管径(断面尺寸)、压力、材质、载体名称、埋深 | 管顶及地面高程 |
| 工业 | 弯头、三通、四通、直线点 | 排液、排污装置、各种检修井、阀门 | 管径、材质、载体名称、埋深 | 管顶及地面高程 |
| 热力 | 弯头、三通、四通、直线点 | 各种检修井、阀门 | 管径、材质、埋深 | 管顶及地面高程 |
| 电力 | 弯头、分支、电力沟、直线点、上杆点 | 变压器、塔、各种检修井、路灯 | 电压、材质、断面尺寸、电缆根数、埋深 | 管顶及地面高程 |
| 电信 | 直通、分支、直线点、上杆点 | 接线箱、各种检修井、电话亭 | 管孔排列、管材、材质、埋深 | 管顶及地面高程 |

(4)地下管线检修井及起终点、转折点、三通等特征点的位置宜测定;井盖、井底、沟槽、井内敷设物、管顶等处的高程宜测定,井距大于75 m时,除测出井内管顶或井底高程外,宜加测中间点。

# §3.4 属性核查

## 3.4.1 核查内容

根据规划用地许可证中标识的用地范围，对正在开展的建设项目的周边情况展开调查，主要内容包括项目用地情况与施工暂设情况。

**1. 项目用地**

对建设工程范围内的建设用地、代征道路、代征绿地及其他代征地的实施情况进行现场调查，确定上述用地范围内是否存在未拆除的与本工程无关的房屋建筑、其他设施等情况，并按照表3.13“建设工程规划核实现场情况调查表”的要求记录。

**表3.13 “建设工程规划核实现场情况调查表”示例**

<table>
<tr><td colspan="2">建设项目名称</td><td colspan="2"></td><td>规划许可证文号</td><td></td></tr>
<tr><td>施工阶段</td><td colspan="3">[ ]灰线　[ ]正负零<br>[ ]结构封顶　[ ]竣工</td><td>调查时间</td><td></td></tr>
<tr><td colspan="5">现场调查内容</td><td>备注</td></tr>
<tr><td rowspan="2">代征道路</td><td>建筑</td><td>[ ] 有<br>[ ] 无</td><td>建筑情况</td><td>[ ]楼房　数量[　]　层数[　]<br>[ ]平房　数量[　]</td><td></td></tr>
<tr><td>其他设施</td><td>[ ] 有<br>[ ] 无</td><td colspan="2">设施情况</td><td></td></tr>
<tr><td rowspan="2">代征绿地</td><td>建筑</td><td>[ ] 有<br>[ ] 无</td><td>建筑情况</td><td>[ ]楼房　数量[　]　层数[　]<br>[ ]平房　数量[　]</td><td></td></tr>
<tr><td>其他设施</td><td>[ ] 有<br>[ ] 无</td><td colspan="2">设施情况</td><td></td></tr>
<tr><td rowspan="2">其他代征</td><td>建筑</td><td>[ ] 有<br>[ ] 无</td><td>建筑情况</td><td>[ ]楼房　数量[　]　层数[　]<br>[ ]平房　数量[　]</td><td></td></tr>
<tr><td>其他设施</td><td>[ ] 有<br>[ ] 无</td><td colspan="2">设施情况</td><td></td></tr>
<tr><td>施工暂设</td><td></td><td>[ ] 有<br>[ ] 无</td><td colspan="2">[ ]已取得临时建设工程规划许可证<br>[ ]未申请临时建设工程规划许可证</td><td></td></tr>
</table>

| 调查 | | 审核 | | 签发 | | 日期 | |
|---|---|---|---|---|---|---|---|

2. **施工暂设**

施工暂设是根据工程需要修建的临时性建筑物和设施。按照相关规定，施工暂设也应取得临时建设工程规划许可证，如果在建项目有临时性的为建筑工地服务的建筑物和设施，应询问建设方工作人员是否取得临时建设工程规划许可证，并按照实际情况记录。

### 3.4.2　核查方法

核查主要采用询问、观察的方式对建设项目周边情况进行调查，并对建设项目主体位置进行多方位的拍照，真实记录建设项目在各阶段的情况。拍照重点关注规划用地许可证中标识的用地范围的实施情况和施工暂设情况。拍照时应记录拍照方向及拍照位置。

### 3.4.3　核查报告

根据现场调查的结果，整理上述"建设工程规划核实现场情况调查表"作为属性核查报告。

## §3.5　成果制作

### 3.5.1　成果内容

城市建设工程规划核实测量成果宜以成果报告书的形式进行组织，其内容应包括成果报告书封面、成果报告书目录、成果说明、成果表、成果图、质量检验报告等。在不同阶段，成果报告书的内容各有特点。灰线验线与正负零验线测量成果内容基本一致，竣工测量成果会多出高度测量成果、面积测量成果和竣工测量地形图。竣工测量地形图的内容与规格在本书前文已涉及，因此不再赘述。

1. **验线测量成果**

验线测量成果一般以建设工程测量成果报告书的形式进行编制，建设工程测量成果报告书应包括成果报告书封面、建设工程测量成果表（含验线测量平面图与测量成果表）等。

成果报告书封面的内容应包括项目名称、建设单位、测量单位等内容。建设工程测量成果表（含验线测量平面图与测量成果表）应包括建（构）筑物信息、建设单位和施工单位名称、测绘单位信息、工程进度信息、验线测量平面图和测量成果表。其中，建（构）筑物信息应包括建设工程规划文号、名称和其他说明；测绘单位信息应包括主要测绘人员信息和日期；验线测量平面图可单独绘制，其内容应与规划文件相对应；测量成果表应包括拟建建（构）筑物角点的编号、坐标及略图，略图应反映出拟建建(构)筑物角点在建筑物中的位置。

验线测量平面图与测量成果表中拟建建(构)筑物与周边的相关建筑、规划道路、用地边界等应以不同线宽区别绘制,图中尺寸应顺线标注,文字注记字头朝向西或北,各项注记应清晰。

**2. 竣工测量成果**

竣工测量成果一般以建设工程竣工测量成果报告书的形式进行编制,建设工程竣工测量成果报告书应包括成果报告书封面、建设工程竣工测量成果表(含竣工测量平面图)、建(构)筑物高度测量成果图和建筑面积成果表等。

成果报告书封面内容应包括项目名称、建设单位和测量单位等内容。建设工程竣工测量成果表(含竣工测量平面图)的内容应包括建(构)筑物信息、建设单位信息、测绘单位信息和竣工测量平面图。其中,建(构)筑物信息应包括建设工程规划文号、名称、性质、层数、高度、建筑面积、特征点平面坐标和其他说明,建设单位信息应包括建设单位名称、委托代理人和建设单位联系电话,测绘单位信息应包括主要测绘人员信息和日期。

竣工测量平面图应以竣工测量地形图为基础,其内容应与规划文件相对应,并应表示建(构)筑物的平面布局、位置信息、高程信息、规划界线信息和注记信息等内容。图中尺寸应顺线标注,文字注记字头朝向西或北,各项注记应清晰。图中建(构)筑物与周边的相关建筑、规划道路、用地边界等应以不同线宽区别绘制。竣工测量平面图也可单独绘制。

建(构)筑物高度测量成果图宜采用立面示意图的形式分栋表示;多楼层建筑的各楼层都要标出整体高度;一幅建(构)筑物高度测量成果图表示不清的,应绘制多幅建(构)筑物高度测量成果图;在规划文件中单独作为一项的建(构)筑物同时存在地上、地下部分时,地上、地下部分应在同一幅建(构)筑物高度测量成果图上表示;建(构)筑物高度测量成果图应包括竣工建(构)筑物主体立面轮廓、水平分界线、高度信息、重要高程信息和注记信息。竣工建(构)筑物主体立面轮廓应包括竣工建(构)筑物地上主体立面轮廓线和其他分隔线、竣工建(构)筑物地下主体立面轮廓线和其他分隔线,可用地下剖面代替立面。水平分界线应包括屋脊线、女儿墙顶线、楼顶线、檐口线、室内地坪线、室外地坪线、地下室底板线和设计正负零线。高度信息应包括各部分的地上总高度、各部分的地下总高度或净空高度、各部分屋脊到檐口的高度、檐口到设计正负零线的高度、设计正负零线到室外地坪的高度、各部分女儿墙顶到楼顶的高度、楼顶到设计正负零线的高度和设计正负零线到室外地坪的高度。当室外地坪没有成形时,与室外地坪有关的高度可标注到室内地坪,同时应在“说明”栏注明“现场室外地坪未成形”。重要高程信息应包括设计正负零线的高程、室外地坪或散水的高程。注记信息应包括竣工建(构)筑物名称、立面及剖面位置、各部分层数、重要水平分界线名称和其他必要的注记信息。

建筑面积成果表宜分幢表示，每幢竣工建（构）筑物的建筑面积成果表应包括竣工建（构）筑物信息、建筑面积统计信息和建筑面积分层信息。竣工建（构）筑物信息应包括项目名称、建设工程规划文号、工程地点、图幅号、地上层数和地下层数。

### 3.5.2　成果形式

城市建设工程规划核实测量成果可以数字成果或纸质成果形式存放，其内容应完全相同或一致。数字成果报告书应采用电子文件夹或数据库进行组织管理。电子文件夹目录宜按工程件号命名。工程件号命名规则可依据“测量单位名称（或简称）＋核实测量成果类型＋工程年份（＋月份）＋顺序号”制定。其中，顺序号可依测量单位年（月）承担城市建设工程规划核实测量项目的数量取 3～4 位。以电子文件夹形式进行组织管理的宜按工程名称或测量成果类型进行排序，建立索引。以数据库形式进行组织管理的应按竣工测量成果类型分为不同的表单。

每种测量成果类型表单的字段宜包括工程件号、成果说明、测量成果表、建筑物高度测量成果表、建筑规模成果表、竣工测量地形图、竣工测量平面图、建筑物立面示意图、建筑物规模测量分层平面示意图、竣工测量纵断面图、竣工测量横断面图、三维模型、表面纹理、元数据、质量检验报告等。在不同阶段，有时可能只有部分上述成果。

### 3.5.3　成果归档

建设工程规划核实测量作业完成后，应整理测绘成果资料形成档案，测绘成果资料宜包括目录、规划文件、建设工程测量成果报告书或建设工程竣工测量成果报告书、工作说明及略图、计算簿及外业测算簿、检验报告表、规划文件附图及电子版光盘和其他已有资料。

工作说明的内容宜包括基本作业流程、控制点布设情况、条件点和验测点的施测情况等。工作略图的内容应包括建（构）筑物略图、控制点布设情况、条件点和验测点的施测情况、相关规划用地和规划道路情况等。计算簿及外业测算簿应包括条件点测算簿、实测校对验测簿、控制测量测算簿等。

纸质竣工测量宜以成果报告书形式并按照工程名称组织装订成卷。卷内每个页面应编制页码，页数较多时应采用胶装。纸质竣工测量成果目录宜分地区按时间先后顺序组织装订，并建立成果目录的总目录。

## §3.6　质量检验

城市建设工程规划核实测量的成果包括灰线验线测量成果、正负零验线测量成果、竣工测量成果等，这些成果应经过质量检测与验收方可对外提供和归档。城市建设工程规划核实测量成果检查应包括过程检查和最终检查。过程检查应采用全数检查；最终检查应采用内业全数检查，涉及野外检查的可采用抽样检查，抽检比例可根据工程实际情况确定。过程检查中检查出的质量问题应改正，且经复查无误，方可提交最终检查。最终检查中检查出的质量问题应经改正且复查无误，方可提交验收。成果检查中的主要技术指标应符合相关技术标准或技术设计的规定。

过程检查与最终检查的内容基本一致，不同的是最终检查还应检查技术总结或工作说明、检查报告内容等资料的全面性，以及技术总结或工作说明对技术问题处理的情况、技术设计变更等情况的说明。

### 3.6.1 检查内容

城市建设工程规划核实测量成果的检查内容可按数据质量、图形质量和资料质量等质量元素设置检查项。数据质量还可以分成数学精度、观测质量和计算质量等质量子元素。图形质量还可以分成数据及结构正确性和地理精度等质量子元素。资料质量还可以分成整饰质量和资料完整性等质量子元素。

对于检查项，还可设置错漏等级分类和错漏扣分标准，以实现对测量成果的质量进行量化评估，下文不再赘述。

**1. 数学精度**

数学精度方面，可以设置的检查项如下：

(1)坐标系统、高程系统的正确性。

(2)控制测量精度与规范及技术设计的符合性。

(3)验测点坐标、四至距离、建(构)筑物高度、建(构)筑物面积测量成果数学精度与规范及技术设计的符合性。

(4)竣工测量地形图图根控制测量精度指标的符合性，竣工测量地形图平面绝对位置和相对位置中误差的符合性。

(5)竣工测量地形图高程注记点高程中误差的符合性。

(6)三维模型成果的几何精度与规范及技术设计的符合性。

**2. 观测质量**

观测质量方面，可以设置的检查项如下：

(1)仪器检验项目的齐全性，仪器、标尺检验、检校的符合性。

(2)技术设计和观测方案的执行情况。

(3)观测方法的正确性，观测条件的合理性。

(4)成果取舍和重测的正确性、合理性。

(5)手工记簿计算的正确性、注记的完整性和数字记录、划改的规范性。

(6)电子记簿记录程序正确性和输出格式的标准化程度。

(7)各项观测误差与限差的符合情况。

### 3. 计算质量

计算质量方面,可以设置的检查项如下:

(1)验算项目的齐全性和验算方法的正确性。

(2)已知控制点选取的合理性和起始数据的正确性。

(3)其他内业计算的正确性。

### 4. 数据及结构正确性

数据及结构正确性方面,可以设置的检查项如下:

(1)数据组织的正确性。

(2)竣工测量地形图数据格式的正确性。

(3)竣工测量地形图要素分层的正确性。

(4)三维模型成果组织的规范性。

(5)三维模型成果模型及纹理贴图命名的规范性。

### 5. 地理精度

地理精度方面,可以设置的检查项如下:

(1)竣工测量地形图地理要素的完整性与正确性。

(2)竣工测量地形图注记和符号的正确性。

(3)竣工测量地形图综合取舍的合理性。

(4)三维模型成果的表现精度与规范及技术设计的符合性。

### 6. 整饰质量

整饰质量方面,可以设置的检查项如下:

(1)观测、计算资料整饰的规整性。

(2)技术总结或工作说明、检查报告整饰的规整性。

(3)成果资料整饰的规整性。

(4)竣工测量地形图图面要素协调性。

(5)竣工测量地形图图廓整饰质量。

### 7. 资料完整性

资料完整性方面,可以设置的检查项如下:

(1)技术设计、技术总结或工作说明内容的全面性。

(2)检查报告内容的全面性。

(3)提供委托方成果的完整性。

(4)归档资料的完整性。

### 3.6.2 质量要求

**1. 数学精度**

数学精度一般应从以下几个方面进行检查：

(1)城市建设工程规划核实测量成果的平面坐标系统和高程系统应与规划文件一致。

(2)起算点的坐标、高程值应正确。当使用已知控制点直接测量时，应校核控制点的精度。

(3)控制测量的精度应达到相关标准规范及技术设计规定的相应等级的精度。

(4)验测点坐标、四至距离、建(构)筑物高度、建(构)筑物面积的测量精度应满足相关标准规范及技术设计的要求。

(5)竣工测量地形图的平面控制点和高程控制点应达到图根控制点的精度要求。

(6)竣工测量地形图地物点的平面绝对位置和相对位置中误差应满足现行北京市地方标准《工程测量技术规程》(DB11/T 339—2016)的规定。

(7)竣工测量地形图高程注记点高程中误差应满足现行北京市地方标准《工程测量技术规程》(DB11/T 339—2016)的规定。

(8)高度测量中高程测量精度应达到图根控制点精度。

(9)面积测量与计算精度应符合现行国家标准《房产测量规范　第1单元：房产测量规定》(GB/T 17986.1—2000)的相关规定。

(10)三维模型成果的平面精度和高程精度应符合现行行业标准《城市三维建模技术规范》(CJJ/T 157—2010)的规定或技术设计的要求。

**2. 观测质量**

观测质量一般应从以下几个方面进行检查：

(1)应核查仪器的检校证书和项目技术文档资料，所使用仪器类型、精度等级应满足相关标准规范及技术设计的要求，所使用仪器应经检定机构检校合格且在有效期内。

(2)核查观测手簿、原始观测数据等资料，观测方法应按照相关标准规范和技术设计的规定执行。

(3)GNSS观测、角度观测、距离观测、水准观测方法应正确，观测条件应合理。

(4)条件点和验测点测量、量距的方法应正确。

(5)高度测量内容应满足现行北京市地方标准《工程测量技术规程》(DB11/T 339—2016)的规定。

(6)面积测量的草图绘制和现场记录应符合现行北京市地方标准《房屋面积测算技术规程》(DB11/T 661—2009)的相关规定。

(7)成果取舍和重测应正确、合理。

(8)手工记簿计算的内容应完整、正确,数字记录、划改、修约应规范。

(9)电子记簿文档记录的格式应规范、完整,输出的数据格式应符合要求。

(10)各项观测误差与限差应符合相关标准规范及技术设计的规定。

**3. 计算质量**

计算质量一般应从以下几个方面进行检查:

(1)平面、高程控制测量计算应正确,各项闭合差应满足限差要求。

(2)条件点和验测点计算、量距计算应正确。

(3)建(构)筑物的坐标、轮廓、四至距离的计算及标注应与规划文件中标注的位置、数据一一对应,计算方法应合理。

(4)建(构)筑物整体高度、分段高度、地下室高度、高程测量的测量位置应与规划文件要求的位置一致,计算方法应合理。

(5)竣工建筑面积测量的计算应符合现行国家标准《建筑工程建筑面积计算规范》(GB/T 50353—2013)和现行行业标准《城市测量规范》(CJJ/T 8—2011)的相关规定。

(6)规划路、用地红线变更,四至建筑物未建或正建,规划文件中标注距离的细部点位不明确等情况的处理应符合现行北京市地方标准《工程测量技术规程》(DB11/T 339—2016)的相关规定。

**4. 数据及结构正确性**

数据及结构正确性一般应从以下几个方面进行检查:

(1)竣工测量地形图数据格式、要素分层应符合现行北京市地方标准《基础测绘技术规程》(DB11/T 407—2017)的规定。

(2)三维模型成果的组织、模型和纹理贴图的命名应符合现行行业标准《城市三维建模技术规范》(CJJ/T 157—2010)的规定或技术设计的要求。

**5. 地理精度**

地理精度一般应从以下几个方面进行检查:

(1)竣工测量地形图地理要素、注记、符号、综合取舍应符合现行北京市地方标准《基础测绘技术规程》(DB11/T 407—2017)的规定。

(2)三维模型成果的形状结构和比例应符合现行行业标准《城市三维建模技术规范》(CJJ/T 157—2010)的规定或技术设计的要求。

(3)三维模型成果中模型类型应全面完整,模型应无漏缝,模型间应无穿插。

(4)三维模型成果纹理贴图应准确、清晰、协调,与技术设计相符,与几何模型一致。

**6. 整饰质量**

整饰质量一般应从以下几个方面进行检查:

(1)观测资料、计算资料、成果表的格式符合相关规定。

(2)成果表中项目信息应与规划文件的内容一致,成果表略图标注应规范、齐全、清晰,成果签注应齐全。

(3)检查记录及评分表的格式符合要求。

(4)成果资料应整洁,装订应整齐。

**7. 资料完整性**

资料完整性一般应从以下几个方面进行检查:

(1)技术设计、技术总结或工作说明及略图的内容应完整、全面。

(2)检查记录的内容应完整、全面。

(3)提供甲方的成果表、成果图应齐全。

(4)归档的成果资料应齐全,资料应包括规划文件及附图、建设工程测量成果报告书、工作说明及略图、计算簿、外业测算簿、检验报告表及相关资料。

### 3.6.3 验 收

验收宜采用抽样检查,样本应体现规划监督工程特点,宜均匀分布。验收中技术指标应符合相关技术标准或技术设计的规定。成果验收的内容应与最终检查内容一致。验收中发现的质量问题应如实记录并注明错漏类别。

样本及单位成果质量应采用优、良、合格和不合格四级评定。根据样本质量等级判定批成果质量等级,批成果质量采用批合格和批不合格判定。经验收判定为批合格的成果,测绘单位应对验收中发现的各类质量问题进行逐一处理;经验收判定为批不合格的成果,应将成果退回测绘单位进行处理,经检查合格后,再次申请验收。验收工作完成后应编写检验报告。

# 第 4 章　几种典型城市建设工程的规划核实测量

第 3 章介绍了城市建设工程规划核实测量技术，本章结合城市建设工程实际，介绍建筑工程、城市轨道交通工程、管线工程和绿化工程等几种较为典型的城市建设工程的规划核实测量工作。

## §4.1　建筑工程规划核实测量

在实际规划核实工作中，在建筑工程处于灰线、正负零、竣工等几个重要节点时进行的规划核实测量，分别称为灰线验线、正负零验线和竣工测量。如果有必要，还可以增加对结构地板和结构主体施工完毕等节点进行的规划核实。每个节点规划核实测量完成之后，应出具成果报告书，成果报告书按照质量检验的要求进行检验。

### 4.1.1　灰线验线

灰线实际上是施工单位在实地的施工放样。过去为了直观看见拟建建筑的形状，在放样的基础上沿拟建建筑主要轮廓撒上白色石灰粉，俗称灰线。灰线验线测量的目的就是核实施工单位放样的正确性，核实拟建建筑与四至的关系尺寸。其主要的工作内容包括控制测量、核实要素测量、属性核查、成果制作和质量检验等。

**1. 控制测量**

灰线验线测量的平面控制应达到三级导线的精度，可以采用导线测量或 GNSS RTK 测量的方法。具体方法前文已涉及，因此不再赘述。灰线阶段，场地一般比较平整，现场障碍物较少，布设平面控制点时环境限制较少，选点时既要方便灰线验线，又要考虑便于留存，方便后续工程使用。条件允许时，也可不布设平面控制，可采用 GNSS RTK 测量的方法直接测量灰线放样点。

灰线验线测量的高程控制测量主要是为现场布设施工临时水准点。施工临时水准点的高程控制测量应使用 $DS_3$ 型或以上等级的水准仪，布设成附合线路，并起闭于四等及以上等级高程控制点。测量采用中丝读数法，前后视距应近似相等，视线长度不宜大于 100 m，线路总长不应大于 8 km，闭合差绝对值不超过 $8\sqrt{n}$ mm（$n$ 为测站数）。施工临时水准点的选点既要方便施工，又要便于留存，方便后续工程使用。

**2. 核实要素测量**

1）条件点确定

灰线验线阶段，现场只有放样点和线，只需要测量平面位置，不需要测量高程和面积。平面位置由一个个条件点来确定，因此灰线验线测量的核实要素测量的主要工作就是测量条件点。条件点分为三类：第一类是新建建设工程本身的关键点位，如新建建筑物的主要角点；第二类是与新建建设工程有尺寸关系的周边相邻建筑的关键部位，如临近建筑的某条边、某段围墙，那么确定这条边、这段围墙的关键角点就是条件点；第三类是新建建设工程周边的规划红线的关键点，如建筑用地边界点。第三类条件点直接采用规划数据，不用现场测量。

根据前面章节的介绍，对于第一类条件点，取用规划文件中标注了坐标和距离的点或边。问题的关键是要在现场找到这些点和边，首先要知道规划文件中标注了坐标和距离的点的性质，从而分辨其到底是轴线角点、结构外皮角点，还是装饰外皮角点，然后去现场找到对应的位置进行测量，必要时由施工放样人员补充放样。例如，现场只放样了轴线，而需要验测的是结构外皮角点，则应由施工放样人员现场由轴线放样结构外皮角点。对于第二类条件点，取用与新建建设工程有距离关系的边和角点，如果是边，选定该边的特征点。现场应根据规划文件尤其是图形文件，结合现场情况，确定与新建建设工程有距离关系的边和角点。灰线验线测量阶段，原则上所有的坐标和尺寸都能够进行验测，除非个别周边条件点灭失了。

2)条件点测量

条件点测量可采用双极坐标法、前方交会法、导线联测法、GNSS RTK 法或量距法等方法。采用双极坐标法、前方交会法时，点位较差绝对值应不大于 50 mm，成果取用平均值。采用前方交会法时，交会角度宜在 30 °～150 °，且交会距离宜小于 100 m。导线联测法就是将待测的条件点直接作为导线点联入导线，导线作业方法和精度要求在前面已经介绍过了。采用 GNSS RTK 法时，作业方法和精度要求按照三级 GNSS RTK 控制点的要求处理。采用量距法时，采用钢尺量距或手持激光测距仪测距时，应采用单程双次丈量方法，2 次量距较差绝对值应在 20 mm 之内，成果取用平均值。条件点外业测量结束后应及时进行计算、检算、整理，编写外业施测工作说明并绘制工作略图，工作略图应按比例标明导线点与条件点的相对位置并与工作说明相对应。有条件时，应校核所测条件点的正确性，如展绘到地形图上校核其位置。

3)四至距离测算

新建建设工程角点坐标及其与四至的距离，应参照规划文件及相关设计图纸计算，四至距离应与规划文件中标注的位置、数据一一对应。验线测量宜检测涉及四至距离的细部点位，也可验测外廓角点或轴线点，并根据建筑施工图推求细部点位进行计算。规划文件中标注距离的细部点位不明确时，可依据与规划文件一致的数字设计图解算该细部点位，也可由最近点位计算。四至边界应与规划文件中所示的四至边界一致，涉及规划用地红线和规划道路时，应复核其变更情况。四至周边建筑未建时，可不计算间距，也可依据其设计坐标计算间距，并应在测量平面图上注明；四至周边建筑正建、无法实测时，可依据该建(构)筑物的初始验线测量成果计算间距，并应在测量平面图上注明。

建（构）筑物与四至的距离测量可使用钢尺或手持激光测距仪实地量测，也可解析计算相关尺寸。采用钢尺量距或手持激光测距仪测距时，应采用单程双次丈量方法，2 次量距较差绝对值应在 20 mm 之内，成果取用平均值。

**3. 属性核查**

根据规划用地许可证中标识的用地范围核查项目用地情况与施工暂设情况。对项目用地情况的核查主要是对建设工程范围内的建设用地、代征道路、代征绿地及其他代征地的实施情况进行现场调查，确定上述用地范围内是否存在未拆除的、与本工程无关的房屋建筑、其他设施等情况。对施工暂设的核查主要是针对在建项目临时性的、为建筑工地服务的建筑物和设施，询问建设方工作人员是否取得临时建设工程规划许可证，并按照实际情况记录。

核查主要采用询问、观察的方式对建设项目周边情况进行调查，并对建设项目主体位置进行多方位的拍照，真实记录建设项目该阶段的情况。拍照重点关注规划用地许可证中标识的用地范围的实施情况和施工暂设情况。拍照时应记录拍照方向及拍照位置。

核查信息按照表 4.1 的要求记录，根据现场调查的结果整理后的“建设工程规划核实现场情况调查表”作为属性核查报告。

**表 4.1　“建设工程规划核实现场情况调查表”示例**

<table>
<tr><td colspan="2">建设项目名称</td><td colspan="4"></td><td>规划许可证文号</td><td></td></tr>
<tr><td>施工阶段</td><td colspan="3">[ ]灰线<br>[ ]结构封顶</td><td colspan="2">[ ]正负零<br>[ ]竣工</td><td>调查时间</td><td></td></tr>
<tr><td colspan="7">现场调查内容</td><td>备注</td></tr>
<tr><td rowspan="2">代征道路</td><td>建筑</td><td>[ ] 有<br>[ ] 无</td><td>建筑情况</td><td colspan="3">[ ]楼房　数量[ ]　层数[ ]<br>[ ]平房　数量[ ]</td><td></td></tr>
<tr><td>其他设施</td><td>[ ] 有<br>[ ] 无</td><td>设施情况</td><td colspan="3"></td><td></td></tr>
<tr><td rowspan="2">代征绿地</td><td>建筑</td><td>[ ] 有<br>[ ] 无</td><td>建筑情况</td><td colspan="3">[ ]楼房　数量[ ]　层数[ ]<br>[ ]平房　数量[ ]</td><td></td></tr>
<tr><td>其他设施</td><td>[ ] 有<br>[ ] 无</td><td>设施情况</td><td colspan="3"></td><td></td></tr>
<tr><td rowspan="2">其他代征</td><td>建筑</td><td>[ ] 有<br>[ ] 无</td><td>建筑情况</td><td colspan="3">[ ]楼房　数量[ ]　层数[ ]<br>[ ]平房　数量[ ]</td><td></td></tr>
<tr><td>其他设施</td><td>[ ] 有<br>[ ] 无</td><td>设施情况</td><td colspan="3"></td><td></td></tr>
<tr><td>施工暂设</td><td></td><td>[ ] 有<br>[ ] 无</td><td colspan="4">[ ]已取得临时建设工程规划许可证<br>[ ]未申请临时建设工程规划许可证</td><td></td></tr>
<tr><td>调查</td><td></td><td>审核</td><td></td><td>签发</td><td></td><td>日期</td><td></td></tr>
</table>

4. 成果制作

城市建设工程灰线验线成果以建设工程测量成果报告书的形式进行编制，其内容如下：

（1）成果报告书封面、建设工程测量成果表（含验线测量平面图与测量成果表）等，其内容及格式应符合相关规定。

（2）成果报告书封面的内容应包括项目名称、建设单位、测量单位等内容。

（3）建设工程测量成果表（含验线测量平面图与测量成果表）应包括建（构）筑物信息、建设单位和施工单位名称、测绘单位信息、工程进度信息、验线测量平面图和测量成果表。其中，建（构）筑物信息应包括建设工程规划文号、名称和其他说明；测绘单位信息应包括主要测绘人员信息和日期；验线测量平面图可单独绘制，其内容应与规划文件相对应；测量成果表应包括拟建建（构）筑物角点的编号、坐标及略图，略图应反映拟建建（构）筑物角点在建筑物中的位置。

（4）验线测量平面图与测量成果表中拟建建（构）筑物与周边的相关建筑、规划道路、用地边界等应以不同线宽区别绘制，图中尺寸标注应顺线标注，文字注记字头朝向西或北，各项注记应清晰。

### 4.1.2 正负零验线

正负零验线在新建建筑施工到正负零标高附近时进行。正负零验线测量的目的就是核实施工单位基础和地下施工的正确性，即是否严格按照核查通过的灰线放样进行施工。其主要工作内容包括控制测量、核实要素测量、属性核查、成果制作和质量检验等。可以看出，正负零验线的主要工作与灰线验线是一样的，实际工作区别也不大，下面就不再展开介绍。主要的区别有以下两个方面：

（1）控制测量方面。正负零验线测量的控制测量与灰线验线测量的控制测量要求一致，因此，如果现场还存留有足够的、灰线验线测量时的控制点，可以在现场验测合格的情况下加以利用。

（2）核实要素测量方面。对于第二类条件点，即与新建建设工程有距离关系的边和角点，在周边环境没有发生变化的情况下可以直接使用灰线验线测量数据而不必重复测量。另外，正负零验线测量阶段，新建建筑的有些部位还没有成形（如悬挑部分），那么该部分可以不测，相关四至距离可以不出，但应在成果中做简明扼要的说明。

### 4.1.3 竣工测量

竣工测量时，建筑物主体结构应施工完毕，并且外立面装修、室外地坪、配套市政工程、建设场地内部主要道路和连接外部的道路已建成，用地范围内应拆除的建筑物或者临时设施已拆除。竣工测量的目的就是核实新建建筑是否按照规划文件要求进行建设，有没有突破规划要求。其主要的工作内容包括控制测量、核实要素测量、竣工地形图测绘、属性核查、成果制作和质量检验等。

**1. 控制测量**

1）平面控制测量

竣工测量的平面控制测量与灰线验线测量的平面控制测量在地上部分的要求一致，灰地上平面控制应达到三级导线的精度，可以采用导线测量或 GNSS RTK 测量的方法。具体方法前文已涉及，因此不再赘述。地下部分的情况比较特殊，灰线验线测量时地下部分还没有施工，正负零验线测量时地下部分刚刚施工完毕，为确保安全，通常地下室的脚手架尚未拆除，地下部分尚不具备测量条件。但是，到了竣工测量的时候，新建建筑处于一种即将交付的状态，地下部分已经具备测量条件，应对地下部分进行核实。

地下工程导线可以采用三级及以上等级导线作为首级平面控制，地下工程导线测量的主要技术要求如表 4.2 所示，表中 $n$ 为测站数。地下工程导线的附合不宜超过 2 次，特殊情况可布设支导线。支导线总长不宜超过 450 m，边数不宜超过 4 条，最大边长不宜超过 160 m，水平角应左、右角各观测 1 测回，圆周角闭合差绝对值不应大于 60″。第一站应观测不同的起始方向，推算方位角应取中数。

**表 4.2　地下工程导线测量的主要技术要求**

| 附合导线长度/m | 平均边长/m | 测回数 $DJ_6$ | 方位角闭合差/(″) | 全长相对闭合差 | 测距 | | |
|---|---|---|---|---|---|---|---|
| | | | | | 每千米测距中误差绝对值/mm | 方法 | 测回数 |
| 900 | 80 | 1 | $\pm 60\sqrt{n}$ | 1/4 000 | ≤10 | 单程观测 | 1 |

2）高程控制测量

灰线验线阶段，高程控制测量的工作一般是为现场布设施工临时水准点，布设的水准点需要达到施工临时水准点的精度；竣工测量阶段，高程控制测量的工作一般为测量建筑物散水高程、路面高程，或者为测量地形图做图根高程控制点，这几种情况所需要的精度都只需要达到图根高程控制点的精度。图根水准可以在施工临时水准点的基础上发展。图根水准应布设成附合线路，并起闭于等级控制点或施工临时水准点，观测采用中丝读数法，视线长度不宜大于 100 m，线路总长不应大于 8 km，闭合差绝对值不超过 $10\sqrt{n}$ mm（$n$ 为测站数）。

**2. 核实要素测量**

竣工测量的核实要素测量部分的内容包括平面位置测量、高度测量和面积测量，其中高度测量和面积测量这两部分是灰线验线测量和正负零验线测量阶段所没有的。

1)平面位置测量

竣工测量阶段,新建建筑及场地均应达到完成状态,确定平面位置的所有条件点均已可见,所以规划文件所要求的所有坐标和距离均应核实。平面位置测量应测量建(构)筑物外部轮廓线和规划文件中标注坐标的建(构)筑物外轮廓点位。建(构)筑物外部轮廓线平面图形、次要点位及其附属配套设施应实测,宜采用极坐标法测量。具体的测量作业方法和精度要求参考灰线验线测量的平面位置测量。与正负零验线测量一样,对于第二类条件点,即与新建建设工程有距离关系的边和角点,在周边环境没有发生变化的情况下,可以直接使用灰线验线测量数据而不必重复测量。

竣工测量阶段与灰线验线测量和正负零验线测量阶段的一大区别在于,竣工测量阶段地下工程具备了测量条件。地下工程一般包括地下泵房、地下配电室、地下停车场、地下人防工程、过街地道、地下商场等地下空间设施,应测量地下工程外部轮廓线、四至距离。外部轮廓线及主要细部点位是内墙时,应在竣工测量平面图中说明,或依据设计尺寸推算到外墙。规划文件中需要标注坐标的点位,其水平角应左、右角各观测一测回,圆周角闭合差绝对值不应大于60″,其他点位可采用碎部测量方法。

2)高度测量

竣工测量阶段应该测量建(构)筑物的高度、层数和建(构)筑物室外地坪的高程,以核实新建建筑高度是否符合规划文件的要求。建筑物高度是个很重要的指标,如果超出规划要求可能对其北侧建筑造成遮阳,引起纠纷;如果住宅的高度不够,也可能引起纠纷。所以高度测量看似简单,却很重要,并且通过高度测量往往能发现问题。

平屋顶建(构)筑物的高度,应测量女儿墙顶到室外地坪的高度及女儿墙高。室外地坪指建筑外墙散水处,当建筑不同位置的散水高程不一致时,以计算的建筑高度相关方向的散水平均位置为室外地坪。对于坡屋面或其他曲面屋顶建(构)筑物的高度,一般测量建(构)筑物屋面下檐口至室外地坪的高度,当屋顶坡度大于30°时,测量坡屋顶高度一半处至室外地坪的高度(具体要依据各地方规划部门的规定)。对于变电室、楼梯、电梯间等地面附属设施的高度,应测量其顶端至室外地坪的高度。阶梯式建筑应测出不同楼层的高度。

地下建(构)筑物的高度指净空高度或室外地坪至底板的高度。净空高度应在规划文件注明的位置测量,不同的净空高度应分别测量并在剖面示意图中明确表示,各层结构厚度宜实测,规划文件中明确覆土厚度的宜实测。

建(构)筑物的高度测量可采用电磁波测距三角高程测量、钢尺或手持激光测距仪测量等方法。采用电磁波测距三角高程测量法时,应变换仪器高或觇标高测两次;采用钢尺量距或手持激光测距仪测距时,应采用单程双次丈量方法。两次测量值的较差绝对值应不大于 100 mm，成果取用平均值。室外地坪高程测量应采用不低于图根水准或图根三角高程的方法来测量，本书不再赘述。

3）面积测量

建筑面积的测量应包括建（构）筑物地上主体、地下主体及附属设施的面积测量。应绘制建筑物各层测量草图作为外业记录；测量草图可利用建设工程施工图或竣工图的电子版本制作，也可在数据采集现场按概略比例绘制。

外业数据采集应使用符合国家标准的钢尺、手持激光测距仪、全站仪等测量仪器，也可采用其他能达到相应精度要求的测量仪器。建筑面积测量外业数据采集可采用实地量距法或坐标解析法，也可采用其他能符合相应精度要求的测量方法。建筑边长、净空边长、建筑层高等数据宜采用钢尺或手持激光测距仪一尺段量取，并采用不少于两次的独立测量，取中数作为最后结果；建筑边长超过一尺段时，宜采用坐标解析法测量，也可采用钢尺或手持激光测距仪进行分段测量。

测量完成后，应核查建筑物中的技术层、夹层、暗层、地下层、阳台、室内花园、卫生间、楼顶等隐蔽地方。建筑面积计算处理应符合建筑工程建筑面积计算规范的相关规定。

**3. 竣工地形图测绘**

城市建设工程规划核实在竣工测量阶段应测绘地形图，主要是测绘数字线划地图（DLG）。竣工测量地形图测绘应在建（构）筑物竣工后进行实地测绘，成图比例尺一般采用 1∶500。竣工测量地形图范围宜测至建设区外第一栋建筑物或市政道路或建设区外 30 m 范围线，一般采用自由分幅。涉及规划文件的地物点相对邻近图根点的点位中误差绝对值不应大于 50 mm，地物点之间的间距中误差绝对值不应大于70 mm；其他地物点相对邻近图根点的点位中误差绝对值不应大于 70 mm，地物点之间的间距中误差绝对值不应大于 100 mm。地物点的高程中误差绝对值不应大于 40 mm。竣工测量地形图的图式符号应符合国家或地方的规定，并进行图廓整饰。竣工测量地形图的地形地物要素宜进行分类和分层，方便后续利用，如更新城市基本地形图。竣工测量地形图数据宜采用现行国家规定的格式或通用的地理信息系统软件数据格式进行存储和交换。

竣工测量地形图宜采用全野外数字测图方法，其平面和高程控制均应满足图根精度，常用的测量方法为图根导线和图根水准或三角高程测量法，前面均已介绍，因此不再赘述。在平坦开阔地区，图根点密度宜达到每平方千米 64 个。

**4. 属性核查**

竣工测量阶段的属性核查与灰线验线测量阶段的属性核查在核查的内容和方法上是一致的，可参照灰线验线测量阶段的属性核查进行。对于项目用地情况的核查，因为项目已经竣工，重点在于各类代征用地是否已经完全腾退。对于施工暂设情况的核查，重点在于项目已经竣工，其施工暂设的临时建设工程规划许可证即将或者已经到期，应该拆除。

5. **成果制作**

城市建设工程竣工测量成果以建设工程竣工测量成果报告书的形式进行编制，建设工程竣工测量成果报告书应包括成果报告书封面、建设工程竣工测量成果表（含竣工测量平面图）、建（构）筑物高度测量成果图和建筑面积成果表。建设工程竣工测量成果报告书的内容及格式要求一般如下：

（1）成果报告书封面。成果报告书封面的内容应包括项目名称、建设单位和测量单位等内容。

（2）建设工程竣工测量成果表。建设工程竣工测量成果表（含竣工测量平面图）的内容应包括建（构）筑物信息、建设单位信息、测绘单位信息和竣工测量平面图。建（构）筑物信息应包括建设工程规划文号、名称、性质、层数、高度、建筑面积、特征点平面坐标和其他说明；建设单位信息应包括建设单位名称、委托代理人和建设单位联系电话；测绘单位信息应包括主要测绘人员信息和日期；竣工测量平面图应以竣工测量地形图为基础，其内容应与规划文件相对应，并应表示建（构）筑物的平面布局、位置信息、高程信息、规划界线信息和注记信息等内容；图中尺寸标注应顺线标注，文字注记字头朝向西或北，各项注记应清晰；图中建（构）筑物与周边的相关建筑、规划道路、用地边界等应以不同线宽区别绘制；竣工测量图也可单独绘制。

（3）高度测量成果图。建（构）筑物高度测量成果图宜采用立面示意图的形式分栋表示；多楼层建筑的各楼层都要标出整体高度；一幅建（构）筑物高度测量成果图表示不清的应绘制多幅建（构）筑物高度测量成果图；在规划文件中单独作为一项的建（构）筑物同时存在地上、地下部分时，地上、地下部分应在同一张建（构）筑物高度测量成果图上表示；建（构）筑物高度测量成果图应包括竣工建（构）筑物主体立面轮廓、水平分界线、高度信息、重要高程信息和注记信息。竣工建（构）筑物主体立面轮廓应包括竣工建（构）筑物地上主体立面轮廓线和其他分隔线、竣工建（构）筑物地下主体立面轮廓线和其他分隔线，可用地下剖面代替立面；水平分界线应包括屋脊线、女儿墙顶线、楼顶线、檐口线、室内地坪线、室外地坪线、地下室底板线和设计正负零线；高度信息应包括各部分的地上总高度、各部分的地下总高度或净空高度、各部分屋脊到檐口的高度、檐口到设计正负零线的高度、设计正负零线到室外地坪的高度、各部分女儿墙顶到楼顶的高度、楼顶到设计正负零线的高度和设计正负零线到室外地坪的高度；当室外地坪没有成形时，与室外地坪有关的高度可标注到室内地坪，同时应在“说明”栏注明“现场室外地坪未成形”；重要高程信息应包括设计正负零线的高程、室外地坪或散水的高程；注记信息应包括竣工建（构）筑物名称、立面及剖面位置、各部分层数、重要水平分界线名称和其他必要的注记信息。

（4）建筑面积成果表宜分幢表示，每幢竣工建（构）筑物的建筑面积成果表应包括竣工建（构）筑物信息、建筑面积统计信息和建筑面积分层信息；竣工建（构）筑物信息应包括项目名称、建设工程规划文号、工程地点、图幅号、地上层数和地下层数。

## §4.2　城市轨道交通工程规划核实测量

城市轨道交通是在不同形式轨道上运行的大、中运量的城市公共交通工具，是当代城市中地铁、轻轨、单轨、磁浮等轨道交通的总称。地铁是一种大运量的轨道运输系统，采用钢轮钢轨体系，标准轨距为 1 435 mm，主要在大城市地下空间修筑的隧道中运行，当条件允许时，也可以穿出地面，在地上或是高架桥上运行。轻轨是一种中运量快速轨道交通运输系统。它可以在地下运行，也可在高架轨道上运行，还可在地面运行。它是由现代有轨电车发展起来的，既可在技术上自成体系，又可采用地铁技术制式。单轨是一种车辆与特制轨道梁组合成一体运行的中运量轨道交通系统，轨道梁不仅是车辆的承重结构，还是车辆运行的导向轨道。单轨系统的类型主要有两种：一种是车辆跨骑在单片梁上运行的方式，称为跨座式单轨系统；另一种是悬挂在单根梁上运行的方式，称为悬挂式单轨系统。磁浮是一种运用"同性相斥、异性相吸"的电磁原理，依靠电磁力使车厢悬浮并行走的轨道运输方式。磁浮交通有常导和超导两种类型。常导式磁浮线路能使车辆浮起 10～15 mm 的高度，运行速度较慢，用感应线性电机驱动。超导式磁浮线路能使车辆浮起 100 mm以上，速度较快，用同步线性电机驱动，技术难度较大。中国上海浦东建成的磁浮交通，最高时速可达 430 km。

根据城市轨道交通工程各种建造形式的特点，将城市轨道交通线路分为地面线路、高架线路和地下线路三种，并分别设置规划核实的节点。因此，城市轨道交通工程规划核实测量的内容包括控制测量、核实要素测量、地面线路规划核实测量、高架线路规划核实测量、地下线路规划核实测量、建筑规模测量、成果制作和质量检验。

考虑城市轨道交通的特殊性，其规划核实测量的节点不像建设工程的规划核实测量工作那样分为灰线验线测量、正负零验线测量和竣工测量，而分为规划初始验线测量、规划过程验线测量和规划竣工验收测量三个节点。

### 4.2.1　控制测量

城市轨道交通工程规划核实测量的控制测量应包括地面控制测量和地下控制测量。测量前应收集轨道交通建设中布设的各种平面、高程控制点资料，并对资料进行综合分析和检核。控制点包括卫星定位点、精密导线点、等级水准点、施工控制点和铺轨基标等。当地下控制点的密度和精度不满足规划核实测量要求时，应重新进行联系测量并测设地下平面和高程控制网。平面控制测量应采用Ⅱ级及以上的全站仪、陀螺经纬仪或双频卫星定位接收机;高程控制测量应采用水准仪和全站仪。

**1. 地面控制测量**

地面控制测量包括地面平面控制测量和地面高程控制测量。

1)平面控制测量

地面线路和高架线路的地面平面控制测量宜采用 GNSS RTK 或导线技术方法进行布设,地面高程控制测量宜采用水准测量或电磁波测距三角高程技术方法进行布设。地下线路的地面控制测量宜利用城市轨道交通原有的卫星定位控制点、精密导线点及高程控制点。

采用城市网络 RTK 测量方法进行地面平面控制测量时,GNSS RTK 控制测量等级不应低于三级,控制点应选设在施工影响变形区外且便于保存的位置,相邻点间应通视。采用导线测量方法进行地面平面控制测量时,应布设成附合导线或导线网,等级不应低于三级,困难地区可以同级附合一次。具体技术要求前文已涉及,因此不再赘述。

2)高程控制测量

采用水准测量方法进行高程控制测量时,应布设成附合水准路线,水准测量的等级不应低于图根水准。水准线路闭合差限差应按 $\pm 10\sqrt{n}$ mm($n$ 为测站数)执行。采用电磁波测距三角高程测量方法时,三角高程测量的线路长度不应大于 4 km,测距边长不应大于 500 m。具体技术要求前文已涉及,因此不再赘述。

**2. 地下控制测量**

地下控制测量包括联系测量、地下导线测量和地下水准测量。地下导线等级不应低于三级导线,地下水准测量应按二等水准的相关要求施测。

联系测量包括平面联系测量和高程联系测量。平面联系测量可采用联系三角形法,陀螺经纬仪、铅垂仪(钢丝)组合法,导线直接传递法,投点定向法,两井定向法等方法。高程联系测量可采用悬挂钢尺法、电磁波测距三角高程测量法、水准测量法等方法。

地面近井导线的起算点宜利用城市轨道交通原有的卫星定位控制点、精密导线点及高程控制点,地面近井导线应布设成附合或闭合线路,导线边数不宜超过 5 条,总长度不宜超过 350 m,近井导线应采用附合路线形式的精密导线。

地面近井水准应布设成闭合或附合水准线路,并按二等水准的相关要求施测。

采用联系三角形法时,两根钢丝对井上、井下近井点的夹角不应大于 3°,钢丝间距不宜小于 3 m,近井点距较近钢丝的距离应大于钢丝间距的 1.5 倍。采用陀螺经纬仪、铅垂仪(钢丝)组合法时,测前、测后在地面已知边对仪器常数的测量应分别观测 3 测回。地下进行定向测量也应观测 3 测回。测回间陀螺方位角互差绝对值不大于 20″。计算坐标方位角时应进行子午线收敛角改正。采用导线直接传递法观测近井点时的垂直角不应大于 30 °。采用投点定向法或两井定向法时，两投点或两竖井之间的距离不宜小于 60 m。

采用悬挂钢尺法传递高程时，地面和地下安置的 2 台水准仪应同时读数，并在钢尺上悬挂与钢尺检定时相同质量的重锤。每次应独立观测 3 测回，测回间应变动仪器高，3 测回测得地面、地下水准点间的高差较差绝对值应小于 3 mm。高差应进行温度和尺长改正。

通过联系测量所建立的地下平面起算点点位中误差绝对值应小于 20 mm，起算坐标方位角中误差绝对值应小于 16″，高程起算点高程中误差绝对值应小于 5 mm。联系测量的具体要求在本书控制测量部分已经进行了详细介绍，因此不再赘述。

### 4.2.2 核实要素测量

核实要素测量包括条件点测量、验测点测量、建（构）筑物尺寸和四至距离测量、建（构）筑物高度和净空测量。条件点测量时，除应对规划审批的线路条件点进行测量外，还应根据线路特点增加对线路有制约作用的点作为条件点进行测量。验测点测量时，除应测量规划审批的拟建城市轨道交通线路设计图中标明的坐标点或与四至有关系的验测点外，还应根据线路地物、核验要素增加对线路有制约作用的验测点进行测量。加桩及曲线要素测量应采用与条件点测量相同的方法和精度要求。四至距离测量时，除应对规划审批的与建（构）筑物或拟建建（构）筑物存在直接位置关系的四至距离进行测量外，还应根据线路沿线地物、核验要素增加四至距离测量内容。应依据地上、地下建（构）筑物的特点进行高度和净空测量。核实要素测量作业前应充分熟悉核验要素，了解项目情况，收集相关设计图纸及资料，制定验测方案，并应依据城市规划主管部门批准的规划文件，结合施工图等资料，进行相关坐标及尺寸检核。

**1. 条件点、验测点测量**

条件点、验测点测量可采用双极坐标法、导线联测法、GNSS RTK 法、钢尺量距或手持测距仪测距等方法。条件点或验测点测量采用双极坐标法时，点位较差绝对值应小于 50 mm，成果取用平均值。采用导线联测法和 GNSS RTK 法时，作业方法和精度应满足三级导线的相关技术要求。采用钢尺量距或手持测距仪测距时，应采用单程双次丈量方法，两次量距较差的相对误差不应大于 1/4 000，成果取用平均值。条件点、验测点测量完成后应将其展绘到地形图上进行校核。条件点、验测点应统一编号，同一规划核实测量工程内的点号不应重复。

**2. 建（构）筑物尺寸和四至距离测量**

建（构）筑物尺寸及四至距离测量，可使用钢尺或手持激光测距仪实地量测，也可根据所测的条件点和验测点解析计算相关尺寸。使用钢尺或手持激光测距仪量距时，采用单程双次丈量方法，两次量距较差绝对值应小于 50 mm，取平均值作为最终成果。四至边界涉及建筑用地红线和规划道路红线时，应复核其变更情况。四至距离测量宜在规划许可证附图标注的位置进行，实地无法施测时也可验测外轮廓角点或轴线点，并根据建筑施工图解算。验测点和条件点的点号，以及拟建建(构)筑物与周边建筑、规划道路、用地边界的关系数据应在工作略图中注明。四至距离的取位和标注位置应与规划许可证附图一致。

3. **建(构)筑物高度和净空测量**

地上建(构)筑物应测量其高度、层数和建(构)筑物室外地坪高程。地下建(构)筑物应测量其净空、顶板底板厚度、层数及覆土厚度。高度示意图应按照规划许可证规定的项目绘制。当一项审批同时存在地上、地下部分时，地上、地下部分应在同一幅高度示意图上表示。建(构)筑物的高度测量可采用电磁波测距三角高程测量、钢尺或手持激光测距仪测量和水准测量等方法。

采用电磁波测距三角高程测量法时，应变换仪器高或觇标高测 2 次，2 次测量值的较差绝对值不大于 100 mm 时，成果应取用平均值。电磁波测距三角高程测量宜与导线测量同时进行，仪器高和棱镜高测量取至毫米，电磁波测距三角高程测量主要技术要求前文已涉及，因此不再赘述。采用钢尺量距或手持测距仪测距时，应采用单程双次丈量方法，2 次量距较差的相对误差不应大于 1/4 000，成果取用平均值。水准线路宜布设成附合水准线路，闭合差绝对值不应大于 $10\sqrt{n}$ mm($n$ 为测站数)，视线长度不宜大于 100 m。

地面平屋顶建(构)筑物的高度为女儿墙顶到室外地坪的高度，坡面屋顶或其他曲面屋顶建(构)筑物的高度为建(构)筑物外墙皮与屋顶面交线至室外地坪的高度。变电室、楼梯、电梯间等地面附属设施的高度为其顶至室外地坪的高度。

楼高示意图应标注整体高度、女儿墙顶至楼顶、楼顶至设计正负零、设计正负零至室外地坪的高度。如果室外地坪没有成形，应将其中设计正负零至室外地坪的高度改为至散水的高度，同时应在“说明”栏注明“现场室外地坪尚未成形”；如果散水也没有成形，与散水有关的高度不标注，同时应在“说明”栏注明“现场散水未成形”。阶梯式建筑应测出各阶梯段的高度，楼高示意图应标出各阶梯段间的高差和整体高度。一幅立面示意图表示不清的应绘制多幅立面示意图。室外地坪或散水高程测量应按图根水准的相关技术要求进行。室外地坪或散水高程应标注在楼高示意图上。

地下车站高度测量应测量其结构底板至结构顶板的净空高度和设计正负零至结构底板的高度。地下车站主体的净空应在规划许可证审批的位置测量，不同的净空高度应分别测量并在剖面图中明确表示，各层结构厚度可从设计图中获取。车站出入口通道的高度测量，应测量其与车站主体连接处地坪高程及该通道地上部分的室内地坪高程，并计算高差，作为车站出入口通道地下部分的高度。车站风道一般分为两层，应分别测量其净空高度，并测量中板的厚度，中板厚度无法测量时可由结构设计图获取。标注尺寸的数据取位至 0.01 m。

### 4.2.3　建筑规模测量

衡量城市轨道交通工程建筑规模的指标不仅包括面积，还包括长度。地下区间隧道长度应以 m 为单位，小数位取至 0.01 m；建筑面积、车辆基地用地面积应以 $m^2$ 为单位，小数位取至 0.01 $m^2$。车站与区间的分界线应以车站设计起点和车站设计终点的实际位置为准；车辆基地与区间的分界应以设计分界线的实际位置为准。外业数据采集应使用符合国家标准的钢卷尺、手持激光测距仪、全站仪等仪器设备，也可采用其他能达到相应精度要求的仪器设备。

**1. 建筑规模计算原则**

城市轨道交通工程建筑规模测量中，建筑面积的计算原则仍为建筑设计所执行的建筑工程建筑面积计算规范，前文已涉及，因此不再赘述。地面车站、地下车站地面部分、车辆基地内地面建筑、高架车站等的建筑面积应按建筑外廓或建筑外廓水平投影计算，各建筑地下部分的建筑面积按建筑外廓计算。单体建筑规模是建筑各层水平投影面积的总和。车辆基地建筑规模面积计算宜包括单体建筑面积、建筑工程总建筑面积。特殊的异型建筑可通过拟合方式计算建筑面积。

进行地下区间隧道长度规模计算前，应先对隧道中线要素点的实测坐标与设计坐标进行比较。点位较差绝对值不大于 70 mm，可取用设计坐标及长度作为隧道的中线坐标值及长度值；点位较差绝对值大于 70 mm，应按实测坐标计算隧道长度。隧道直线段，按坐标反算计算长度，曲线段通过拟合方式计算长度，直线段与曲线段长度之和为隧道长度。

**2. 测量草图**

进行建筑面积测量时，应绘制建(构)筑物各层测量草图作为外业记录。测量草图可利用建设工程施工图或竣工图的电子版本制作，也可在数据采集现场按概略比例绘制。测量草图记录应在现场完成，内容应清晰易读，原始数据不得涂改擦拭，在内容较集中处可绘制局部图。草图应注记现场测量的边长数据、净空边长数据、墙厚数据及建筑层高数据。建筑的夹层、架空层、设备层、结构转换层等应单独绘制草图并注明所在位置。建筑的平台、斜屋顶下方等不计建筑面积的部位也应绘制图形。建(构)筑物的所有边长应进行校核，并应满足建(构)筑物几何图形构成的闭合关系。多余观测引起的边长较差，应进行配赋处理。测量草图应绘制北方向线，汉字的字头一律向北(上)注记，数字字头应向北(上)或向西(左)注记。沿墙体所测得的边长数据应当紧靠相应的墙体并平行于墙体记录。

**3. 测量内容**

城市轨道交通工程建筑规模测量应包括车站主体建筑及车站附属建筑设施的

面积测量、地下区间隧道的长度测量、车辆基地建筑面积测量、车辆基地用地面积测量。

地面车站建筑面积测量，主要包括站台层、站厅层、设备层、夹层、架空层、天面设施等；地下车站应分别进行地下和地面附属设施建筑面积测量，地下部分包括站台层、站厅层、设备层、夹层、地下通道等；地面附属设施主要包括车站出入口、风亭、疏散口、无障碍出口等；高架车站建筑面积测量，主要包括站台层、站厅层、设备层、夹层、天面设施、架空通道等。

地下区间隧道建筑规模测量内容为隧道长度，应对隧道中线起点、终点、曲线要素点进行实测，隧道直线段每 50 m、曲线段每 30 m 宜测量 1 个隧道中线点。

车辆基地建筑规模测量内容应为运用库、停车列检库、架定修库、材料库、洗车库等各种车库，以及办公楼、信息楼、污水处理泵房、食堂、职工公寓、派出所、门卫等辅助建筑的建筑面积测量。

**4. 测量方法**

建筑规模测量外业数据采集可采用实地量距法或坐标解析法，也可采用其他能满足相应精度要求的测量方法。数据采集内容一般包括建筑边长、净空边长、建筑层高、建筑墙体厚度、建筑特征点、建筑角点坐标、隧道中线坐标、车辆基地界址点坐标等数据，特殊的异型建筑应增加坐标测量数据。地下车站及附属建筑设施的地下部分面积测量，应在结构完成且进行内装修之前实测内轮廓边长或角点坐标，并量取外墙厚度，当外墙厚度无法量取时，可参考车站施工图的相关数据。高架车站应实测车站外围的水平投影。

建筑边长、净空边长、建筑层高等数据宜按钢卷尺或手持测距仪一尺段量取，并采用不少于两次的独立测量，取中数作为最后结果；建筑边长超过一尺段时，宜采用坐标解析法测量，也可采用钢卷尺或手持测距仪分段测量。测量完成后，应核查建(构)筑物中的技术层、夹层、暗层、地下层、阳台、室内花园、卫生间、楼顶等隐蔽地方，避免漏测建筑面积。

地下区间隧道规模测量宜采用坐标解析法，也可采用其他能满足相应精度要求的测量方法。所测的隧道中线点相对于邻近控制点的点位中误差绝对值不超过 0.05 m。

车辆基地用地面积(规划用地面积)应通过测量界址点坐标后计算得出，界址点测量宜采用坐标解析法，界址点相对于邻近控制点的点位中误差绝对值不超过 0.05 m，用地面积计算公式为

$$S=\frac{1}{2}\sum_{i=1}^{n}X_i(Y_{i+1}-Y_{i-1})$$

或

$$S=\frac{1}{2}\sum_{i=1}^{n}Y_i(X_{i-1}-X_{i+1})$$

式中，$S$ 为面积，单位为 $m^2$；$X_i$ 为界址点的纵坐标，单位为 m；$Y_i$ 为界址点的横坐标，单位 m；$n$ 为界址点的个数；$i$ 为界址点序号，按顺时针方向顺编。

### 4.2.4　地面线路规划核实测量

地面线路规划核实测量应包括地面车站、区间及附属设施和车辆基地测量。地面线路规划核实测量应结合地面线路工程施工工艺特点和施工过程进行。

**1. 规划初始验线测量**

地面车站、车辆基地及附属设施的规划初始验线测量工作应在灰线放线时进行，地面区间线路规划初始验线测量工作应在施工定线后进行。

地面线路规划初始验线测量工作内容应包括条件点、验测点、拟建建(构)筑物四至距离测量和成果报告书的编制。地面线路规划初始验线时，除应对相关核实要素进行验测外，地面区间线路的直线段还应验测百米桩、加桩，曲线段还应验测 ZH、HY、QZ、YH、HZ 曲线要素点等中线点。核实要素的测量方法及精度前文已涉及，因此不再赘述。

外业观测结束后应及时进行计算、检算、整理，编写外业施测工作说明并绘制工作略图，工作略图应标明导线点与条件点、验测点的相对位置，条件点、验测点应展绘到地形图上进行校核，最后应对外业记录手簿进行检查。

**2. 规划过程验线测量**

地面车站、车辆基地及附属设施的规划过程验线测量工作应在建筑施工到正负零时进行，地面区间线路规划过程验线测量工作应在路基施工中间过程中进行。

地面线路规划过程验线测量工作内容应包括建(构)筑物外部轮廓线及条件点、验测点、四至距离测量和成果报告书的编制。进行地面线路规划过程验线时，除应对相关核实要素进行验测外，地面区间线路的直线段还应验测百米桩、加桩，曲线段还应验测 ZH、HY、QZ、YH、HZ 曲线要素点等中线点及相应位置的路肩。

地面线路规划核实测量的规划过程验线测量的其他工作与规划初始验线测量一致。

**3. 规划竣工验收测量**

地面车站、车辆基地及附属设施的规划竣工验收测量工作应在建筑工程竣工时进行，地面区间线路的规划竣工验收测量工作应在路基施工完成后进行。

地面线路规划竣工验收测量工作内容应包括竣工测量地形图测绘，以及建(构)筑物外部轮廓线和隔离设施、路基横断面测量及条件点、验测点、四至距离、建(构)筑物高度、建筑规模测量和成果报告书的编制。建(构)筑物高度测量、建筑规模测量前文已涉及，因此不再赘述。但高架桥穿越现状或规划道路时，应测量桥下的净空值。

地面线路规划竣工验收测量时，除应对相关核实要素进行验测外，地面区间线路的直线段还应验测百米桩，曲线段还应验测 ZH、HY、QZ、YH、HZ 曲线要素点等中线点及相应位置的路基横断面。核实要素的测量方法及精度前文已涉及，因此不再赘述。

竣工测量平面图应以竣工测量地形图为基础，竣工测量地形图的测绘范围宜包括城市轨道交通建设区及建设区外 30 m 的区域，建设区外 30 m 的区域中有建筑时可测至第一栋建筑物。竣工测量平面图表示的内容包括：车站、区间和车辆基地等建（构）筑物的主体轮廓和重要分界线，建（构）筑物的附属设施、配套设施及其他单独设立的配套设施，高层建（构）筑物顶层附属用房的平面位置等建（构）筑物的平面布局；车行道入口位置，内部道路起终点、交叉点、转折点位置等位置信息；建（构）筑物首层室内地坪、室外地坪（或散水）和地下室出入口高程，车行道入口高程，配套管线进出口高程，内部道路起终点、交叉点、转折点高程等高程信息；相关规划道路红线、相关规划河道蓝线、相关规划绿地绿线和建设用地范围线等规划界线信息。还应包括注记信息：建（构）筑物名称及功能，建（构）筑物各特征点坐标、结构层数、主体高度，建（构）筑物与相关规划界线及周边建（构）筑物的关系尺寸，规划界线名称，道路路面材质及宽度，其他必要的注记信息。

外业观测结束后应及时进行计算、检算、整理，编写外业施测工作说明并绘制工作略图，工作略图应标明导线点与条件点、验测点的相对位置，条件点、验测点应展绘到地形图上进行校核，最后应对外业记录手簿进行检查。

### 4.2.5 高架线路规划核实测量

高架线路规划核实测量应包括高架车站、高架区间及附属设施测量。高架线路规划核实测量应结合高架线路工程施工工艺特点和施工过程进行。

**1. 规划初始验线测量**

高架线路及附属设施规划初始验线测量工作应在基础放样完成后进行。高架线路及附属设施规划初始验线测量工作内容应包括条件点、验测点、拟建建（构）筑物四至距离测量和成果报告书的编制。高架线路及附属设施规划初始验线测量时，除应对相关核实要素进行验测外，还应验测单桩基础的中心、桩基承台和扩大基础的角点或轴线。核实要素的测量方法及精度前文已涉及，因此不再赘述。

外业观测结束后应及时进行计算、检算、整理，编写外业施测工作说明并绘制工作略图，工作略图应标明导线点与条件点、验测点的相对位置，条件点、验测点应展绘到地形图上进行校核，最后应对外业记录手簿进行检查。

**2. 规划过程验线测量**

高架线路及附属设施规划过程验线测量应在基础施工到正负零后进行。高架线路及附属设施规划过程验线测量工作内容应包括基础外部轮廓线及条件点、验测点、四至距离测量和成果报告书的编制。进行高架线路及附属设施规划过程验线测量时，除应对相关核实要素进行验测外，还应验测成形的基础轮廓。

高架线路规划核实测量的规划过程验线测量的其他工作与规划初始验线测量一致。

3. **规划竣工验收测量**

高架线路及附属设施规划竣工验收测量应在高架车站、高架区间及附属设施结构竣工时进行。

高架线路及附属设施规划竣工验收测量工作内容应包括竣工测量地形图测绘，以及建（构）筑物外部轮廓线及条件点、验测点、四至距离、建（构）筑物高度、建筑规模测量和成果报告书的编制。建（构）筑物高度测量、建筑规模测量前文已涉及，因此不再赘述。

高架线路规划竣工验收测量时，除应对相关核实要素进行验测外，还应验测高架区间外轮廓，直线段还应验测百米桩，曲线段还宜验测 ZH、HY、QZ、YH、HZ 曲线要素点等中线点。核实要素的测量方法及精度前文已涉及，因此不再赘述。

高架线路的竣工测量平面图与地面线路的竣工测量平面图基本一致，区别在于高架线路需要测绘高架线路的基础墩柱。

### 4.2.6　地下线路规划核实测量

地下线路规划核实测量应包括地下车站、地下区间、地下车辆基地及附属设施测量。地下线路规划核实测量必须贯穿整个施工过程，并应结合地下线路工程采用的明挖法或暗挖法的施工方法和工艺进行。地下车站及附属设施测量内容应包括地下车站主体及出入口、线路联络通道、风道、无障碍电梯、冷却塔及变电所等；地下区间及附属设施应测量地下区间隧道、联络通道、地下泵房及风井等。

1. **规划初始验线测量**

采用自然放坡、支护桩、地下连续墙及盖挖法等明挖法施工时，其地下线路的规划初始验线测量应在灰线或支护结构轮廓线施工阶段进行；采用喷锚暗挖双侧壁、喷锚暗挖双侧桩及梁柱导洞法等暗挖法施工时，其地下车站应在初始施工的导洞内对永久建筑结构进行规划初始验线测量；采用盾构法施工时，其地下区间的规划初始验线测量应在始发井和接收井的洞门圈施工完成阶段进行；采用矿山法施工时，其地下区间的规划初始验线测量应在区间正线马头门施工完成阶段进行。地下线路规划初始验线测量的工作内容应包括条件点、验测点、四至距离测量和成果报告书的编制。

在进行地下线路规划初始验线测量时，对采用自然放坡、支护桩、地下连续墙及盖挖法等明挖法施工的，其地下线路的规划初始验线测量应验测灰线或支护结构轮廓线的角点；对采用喷锚暗挖双侧壁、喷锚暗挖双侧桩及梁柱导洞法等暗挖法施工的，其地下车站的规划初始验线测量应验测最外侧导洞的中线点和腰线点；对采用盾构法施工的,其地下区间的规划初始验线测量应验测始发井和接收井的洞门圈位置,包括其中心三维坐标,并计算出洞门圈实测中心与设计中心在垂直和水平方向上的偏差;对采用矿山法施工的,其地下区间的规划初始验线测量应验测区间正线马头门处的开挖工作面的中线点和腰线点。核实要素测量的方法及精度在前文已涉及,因此不再赘述。

外业观测结束后应及时进行计算、检算、整理,编写外业施测工作说明并绘制工作略图,工作略图应标明导线点与条件点、验测点的相对位置,条件点、验测点应展绘到地形图上进行校核,最后应对外业记录手簿进行检查。

**2. 规划过程验线测量**

采用自然放坡、支护桩、地下连续墙及盖挖法等明挖法施工时,其地下线路的规划过程验线测量应在车站或区间施工过程中的底板垫层完成阶段进行;采用喷锚暗挖双侧壁、喷锚暗挖双侧桩及梁柱导洞法等暗挖法施工时,其地下车站的规划过程验线测量应在最外侧已完成部分双侧壁及梁柱永久建筑结构后进行;采用盾构法施工时,其地下区间的规划过程验线测量应在隧道掘进完成 200 m 时进行;采用矿山法施工时,其地下区间的规划过程验线测量应在隧道初衬完成 200 m 时进行。地下线路规划过程验线测量的工作内容应包括建(构)筑轮廓线及条件点、验测点、四至距离测量和成果报告书的编制。

在进行地下线路规划过程验线测量时,对采用自然放坡、支护桩、地下连续墙及盖挖法等明挖法施工的,其地下线路的规划过程验线测量应验测底板中心线、支护结构内侧及结构厚度,验测点间距应小于 30 m;对采用喷锚暗挖双侧壁、喷锚暗挖双侧桩及梁柱导洞法等暗挖法施工的,其地下车站的规划过程验线测量宜对已完成结构每 30 m 验测导洞中双侧壁及梁柱结构的位置进行;对采用盾构法施工的,其地下区间的规划过程验线测量宜对已完成结构沿隧道每 25 环验测衬砌环圆心的三维坐标和半径进行;对采用矿山法施工的,其地下区间的规划过程验线测量宜对已完成结构沿隧道每 30 m 和变截面处设置一个测量断面,并验测隧道中心线处初衬的顶、底高及隧道最大宽度。核实要素的测量方法及精度前文已涉及,因此不再赘述。

外业观测结束后应及时进行计算、检算、整理,编写外业施测工作说明并绘制工作略图,工作略图应标明导线点与条件点、验测点的相对位置,条件点、验测点应展绘到地形图上进行校核,最后应对外业记录手簿进行检查。

**3. 规划竣工验收测量**

地下车站、地下车辆基地及附属设施的规划竣工验收测量工作应在建设工程竣工时进行,地下区间及附属设施的规划竣工验收测量工作应在隧道结构竣工时进行。

地下线路规划竣工验收测量工作内容应包括竣工测量地形图测绘、建(构)筑物轮廓线和结构厚度,以及条件点、验测点、四至距离、建(构)筑物高度、建筑规模测量和成果报告书的编制。建(构)筑物高度测量、建筑规模测量前文已涉及,因此不再赘述。

在进行地下线路规划竣工验收测量时，对采用自然放坡、支护桩、地下连续墙及盖挖法等明挖法施工的，其地下线路的规划竣工验收测量应验测车站和区间的外部轮廓线的角点，测量应在覆土前进行，当施工方法限制无条件在覆土前进行时，应测量车站和隧道内部轮廓线和结构厚度，以此计算车站外部轮廓线位置；对采用喷锚暗挖双侧壁、喷锚暗挖双侧桩及梁柱导洞法等暗挖法施工的，其地下车站的规划竣工验收测量应验测车站内部轮廓线的四角、转角和结构厚度等，以此计算车站外部轮廓线位置；对采用盾构法施工的，其地下区间的规划竣工验收测量应沿隧道每 25 环验测衬砌环圆心的三维坐标、半径及衬砌环片厚度；对采用矿山法施工的，其地下区间的规划竣工验收测量应沿隧道每 30 m 处和变截面处设置一个测量断面，并验测隧道中心线及中心线处二衬的顶高、底高、隧道最大宽度及隧道结构厚度。核实要素的测量方法及精度前文已涉及，因此不再赘述。

地下线路的竣工测量平面图与地面线路的竣工测量平面图基本一致，区别在于地下线路需要测绘地下车站、区间等建(构)筑物的主体轮廓。

### 4.2.7　成果制作

城市轨道交通规划初始验线测量和规划过程验线测量工作完成后应编制《城市轨道交通规划核实验线测量成果报告书》，规划竣工验收测量工作完成后应编制《城市轨道交通规划竣工验收测量成果报告书》。

**1. 成果内容**

1）成果组成

《城市轨道交通规划核实验线测量成果报告书》一般包括封面、城市轨道交通规划核实验线测量成果表(含验线测量平面图和验线测量坐标成果表)，并按此顺序装订。

《城市轨道交通规划竣工验收测量成果报告书》一般包括封面、城市轨道交通规划竣工验收测量成果表(含竣工测量平面图和建(构)筑物高度测量成果图)、城市轨道交通规划竣工验收测量建筑规模成果表(含封面、城市轨道交通规划竣工验收测量建筑规模总表和城市轨道交通规划竣工验收测量建筑规模分层汇总表)，并按此顺序装订。

2）封面

测量成果报告书封面的内容一般包括建设单位、项目名称、测绘单位、工程编号等。

3）验线测量成果表

城市轨道交通规划核实验线测量成果表一般包括：建设单位名称、委托代理人和联系电话等建设单位信息，项目名称、建设工程规划许可证号、工程地点和工程进度等建(构)筑物信息,主要测绘人员、签发日期和测绘单位联系方式等测绘单位信息,平面布局信息、规划界线信息和注记信息,点号、距离、坐标及反映验测点在建(构)筑物中位置的略图的验线测量坐标成果表。

验线测量平面图中的建(构)筑物平面布局信息一般包括建(构)筑物地上主体轮廓线和重要分界线、建(构)筑物地下室轮廓线和重要分界线等;规划界线信息包括相关规划道路红线、相关规划河道蓝线、相关规划绿地绿线和建设用地范围线等;注记信息包括建(构)筑物名称及功能、建(构)筑物与相关规划界线及周边建(构)筑物的关系尺寸、规划界线名称等,以及其他必要的注记信息。

4)验收测量成果表

城市轨道交通规划竣工验收测量成果表的内容一般包括:建设单位名称、委托代理人和联系电话等建设单位信息,项目名称、建设工程规划许可证号、工程地点、图幅号、建筑面积、层数、高度等建(构)筑物信息,主要测绘人员、签发日期和测绘单位联系方式等测绘单位信息,竣工测量平面图,建(构)筑物高度测量成果图,建筑规模成果表等。

建(构)筑物高度测量成果图一般采用立面示意图的形式分栋表示,一个建(构)筑物可绘制多幅立面示意图,立面示意图应反映建(构)筑物各主要部分的高度及相对关系。

建筑规模成果表宜分栋表示,每栋竣工建(构)筑物的城市轨道交通规划竣工验收测量建筑规模成果表应包括项目名称、建设工程规划许可证号、工程地点、图幅号、地上层数、地下层数等竣工建(构)筑物信息,以及建筑规模统计信息和建筑规模分层信息。

**2. 成果规格**

测量成果报告书封面应为文档形式,宜采用通用办公软件格式,以 A4 幅面输出。

城市轨道交通规划核实验线测量成果表(含验线测量平面图与验线测量坐标成果表)宜采用通用办公软件格式,以 A4 幅面输出。验线测量平面图应采用统一比例尺,比例尺宜采用 1∶500,也可根据实际情况确定比例尺。

城市轨道交通规划竣工验收测量成果表(含竣工测量平面图和建(构)筑物高度测量成果图)宜采用通用办公软件格式,以 A4 幅面输出。竣工测量平面图应采用统一比例尺,比例尺宜采用 1∶500,也可根据实际情况确定比例尺;建(构)筑物高度测量成果图宜按比例制作,也可按近似比例表示,宜采用通用办公软件格式,以 A4 幅面输出。

城市轨道交通规划竣工验收测量建筑规模成果表宜采用通用办公软件格式,以 A4 幅面输出。

**3. 成果归档**

城市轨道交通工程规划核实测量成果验收后,应根据档案管理的要求进行测量档案的整理、归档。测量档案一般包括下列内容，并按此顺序装订：

(1)目录。

(2)委托书。

(3)技术设计书。

(4)测量成果报告书。

(5)工作说明及略图。

(6)计算簿及外业测算簿，包括实测校对验测簿、条件点测算簿、控制测量测算簿。

(7)检验报告表及检验记录表。

(8)作为核实测量依据的文件。

(9)其他已有资料。

## §4.3　管线工程规划核实测量

### 4.3.1　概　述

地下管线工程规划核实测量的对象包括埋设于地下的给水、排水、燃气、热力、工业等各种管道、管沟及电力、电信电缆。在进行地下管线工程规划核实测量前，应收集的资料包括：建设用地规划许可证及附图、附件，建设用地批准文件及相关资料，建设工程规划许可证及附图、附件，地下管线规划红线、施工竣工图等相关资料，规划竣工核实测量需要的其他相关资料。对新开工的地下管线工程，应在覆土前进行规划核实测量。当不能在覆土前施测时，应在覆土前，在实地做出标志并绘制点位略图，待日后还原点位再进行联测。地下管线工程竣工测量的内容包括地下管线点平面位置测量、地下管线点高程测量、地下管线竣工图测绘。

地下管线工程规划核实测量工作包括：查明地下管线的平面位置、走向、埋深(或高程)、规格、性质、材料、埋设时间、权属单位，地下管线点平面位置测量，地下管线点高程测量，地下管线竣工图编绘，以及当地规划主管部门确定的其他内容。采集数据时，数据格式要满足建立地下管线信息管理系统的数据格式要求。

地下管线工程规划核实测量的取舍标准要根据各城市的具体情况、管线的疏密程度和委托方的要求确定。管线的取舍按表 4.3 的要求执行。

**表 4.3　市政地下管线规划核实测量取舍标准**

| 管线类别 | 需规划核实测量的管线 |
| --- | --- |
| 给水 | 管径≥ 50 mm 或≥100 mm |
| 排水 | 管径≥200 mm 或方沟≥400 mm×400 mm |

续表

| 管线类别 | 需规划核实测量的管线 |
| --- | --- |
| 燃气 | 管径≥50 mm 或≥75 mm |
| 工业 | 全测 |
| 热力 | 全测 |
| 电力 | 全测 |
| 电信 | 全测 |

### 4.3.2 平面位置测量

管线工程规划核实测量时，管线点要设置在管线的特征点在地面的投影位置上。管线特征点包括交叉点、分支点、转折点、变材点、变坡点、变径点、起讫点、上杆、下杆及管线上的附属设施中心点等。在没有特征点的管线段上，视地下管线竣工测量任务不同，地下管线的管线点间距应符合下列要求：

(1)道路地下管线及专用地下管线宜按相应比例尺设置管线点，管线点在地形图上的间距要小于或等于 15 cm。

(2)厂区或住宅小区管线竣工测量要按相应比例尺设置管线点，管线点在地形图上的间距要小于或等于 10 cm。

(3)当管线弯曲时，管线点的设置应以能反映管线弯曲特征为原则。

管线点的编号由管线代号和管线点序号组成，管线代号可用汉语拼音字母标记，管线点序号用阿拉伯数字标记。管线点编号在同一图幅内必须唯一。地下管线点的测量应采用解析法作业，平面位置中误差绝对值不得超过 5 cm。

### 4.3.3 高程测量

地下管线点的高程测量采用水准测量，也可采用光电测距三角高程测量、卫星定位高程测量。采用水准测量时，单独路线的每个管线测点作为转点。管线测点密集时，可采用中视法。采用全站仪同时测定管线点坐标与高程时，水平角和垂直角可采用半测回法。测距长度不超过 150 m，仪器高和觇牌高量至毫米。地下管线点的高程测量中误差绝对值不超过 3 cm。

### 4.3.4 地下管线竣工图

地下管线竣工图的测绘范围：规划道路要测出两侧第一排建筑物或红线外 20 m，非规划路根据需要确定。地下管线竣工图除了符合基本的管线图要求外，还必须注明与规划中要求有关的实测尺寸、各管线之间的相关尺寸、规划有要求的管线点坐标和高程。新埋管线与原有管线衔接处，需从衔接处管线点测量至原有管线下一特征点。对于地下管线图测绘精度，地下管线与邻近的建筑物、相邻管线及规划道路中线的间距中误差绝对值不超过图上 0.5 mm。地下管线竣工图的要素分层、要素代码要符合当地基础地理信息系统的要求。地下管线竣工图各种文字、数字注记不能压盖管线及其附属设施的符号。管线线上文字、数字注记要平行于管线走向，字头朝向图的上方，跨图幅的文字、数字注记分别注记在两幅图内。

### 4.3.5　成果提交

地下管线竣工测量归档提交的成果及资料如下：

(1)竣工测量说明书，包括时间、委托单位、测区位置、范围、面积、采用的坐标系和高程系、作业依据、作业方法、实际精度、允许精度、需要说明的问题等。

(2)控制点成果表。

(3)竣工测量原始记录，包括竣工测量草图、管线竣工测量记录表、控制点和管线点的观测记录和计算资料、各种检查记录等。

(4)管线点成果表。

(5)地下管线竣工图。

## §4.4　绿化工程规划核实测量

### 4.4.1　概　述

建设工程绿地竣工测量内容包括绿地竣工地形图测绘和绿地面积计算等内容，测量成果需上交。建设工程绿地竣工测量实施前应进行资料收集，收集的资料包括：建设用地规划许可证及附图、附件，建设用地批准文件及相关资料，建设工程规划许可证及附图、附件，建设工程绿地批准文件及相关资料，建设工程绿地施工竣工图。建设工程绿地竣工测量范围为建设用地红线外 50 m 范围内的地形地物及同步代征的城市绿地。

### 4.4.2　绿地竣工地形图测绘

绿地竣工地形图要表示测量范围内的测量控制点、建(构)筑物、道路、绿地、水系、管线及附属设施等各种地形地物要素，以及地理名称、注记等，包括公共绿地、宅旁绿地、配套公建所属绿地和道路绿地。其中，包括满足当地植树绿化覆土要求、方便居民出入的地下或半地下建筑的屋顶绿地，原则上不做综合取舍。绿地竣工地形图地物点相对邻近平面控制点的点位中误差和地物点相对邻近地物点的间距中误差应符合表 4.4 规定。森林、荫蔽等特殊困难地区，可按表 4.4 规定值放宽

0.5 倍。对于基本等高距为 0.5 m 的平坦地区，1∶500、1∶1 000、1∶2 000 数字地形图的高程注记点相对邻近图根点的高程中误差绝对值不大于 0.15 m；其他地区高程精度应以等高线插求点的高程中误差衡量。等高线插求点相对于邻近图根点的高程中误差应符合表 4.5 的规定，困难地区可以把表 4.5 的规定值放宽 0.5 倍。

竣工地形图的各种符号应按国家现行的《国家基本比例尺地图图式 第 1 部分：1∶500 1∶1 000 1∶2 000 地形图图式》(GB/T 20257.1—2017)和当地基础地形图的相关规定执行。

**表 4.4 地物点相对于邻近平面控制点的点位中误差和地物点相对于邻近地物点的间距中误差**

单位：mm

| 地形类别 | 地物点相对于邻近平面控制点的点位中误差绝对值(图上) | 地物点相对于邻近地物点的间距中误差绝对值(图上) |
| --- | --- | --- |
| 平底、丘陵地 | ≤0.5 | ≤0.4 |
| 山地、高山地 | ≤0.75 | ≤0.6 |

**表 4.5 等高线插求点的高程中误差(*H* 为基本等高距)**

| 地形类别 | 平地 | 丘陵地 | 山地 | 高山地 |
| --- | --- | --- | --- | --- |
| 高程中误差绝对值/m | $\leqslant\frac{1}{3}H$ | $\leqslant\frac{1}{3}H$ | $\leqslant\frac{2}{3}H$ | $\leqslant H$ |

绿地竣工地形图测绘方法宜采用内外业一体化数字成图法。测绘区域内已有城市基础地形数据时，可利用全站仪修测成图。绿地竣工地形图图廓整饰按照当地基础地形图规定绘制；在绿地竣工地形图上须标出用地红线、地下室范围线、绿地范围线、消防登高场地；当用地红线进入道路红线时，应同时标出道路红线；在绿地竣工地形图上分别用不同颜色标注地面绿化、地下室及半地下室顶绿化(实测并标注覆土厚度)、园林铺装(含园路)、景观水体等。

### 4.4.3 绿地面积计算

计算宅旁(宅间)绿地面积时，绿地边界对宅间路、组团路和小区路算到路边，当小区路设有人行便道时算到便道边，沿居住区路、城市道路测算到红线且距房墙脚 1.5 m，对其他围墙、院墙算到墙脚。计算道路绿地面积时，以道路红线内规划的绿地面积为准进行计算。计算院落式组团绿地面积时，绿地边界距宅间路、组团路和小区路路边 1.0 m；当小区路有人行便道时，算到人行便道边；临城市道路、居住区级道路时，算到道路红线，距房屋墙脚 1.5 m；对其他围墙、院墙算到墙脚。开敞型院落式组团绿地，应至少有一个面面向小区路或向建筑控制线宽度不小于 10 m的组团级主路敞开，并向其开设绿地的主要出入口；其他块状、带状公共绿地面积计算的起止界与院落式组团绿地相同。沿居住区(级)道路、城市道路的公共绿地算到红线。

各块绿化面积的计算可采用坐标解析法,表 4.6 是其中一种绿地成果表的提交样例。

**表 4.6　绿地测量成果表提交样例**　单位:$m^2$

<table>
<tr><td colspan="2">工程名称</td><td colspan="2"></td><td colspan="2">工程编号</td><td colspan="3"></td></tr>
<tr><td rowspan="2">绿地编号</td><td rowspan="2">地面绿化面积</td><td colspan="4">地下室及半地下室顶绿化面积</td><td rowspan="2">绿地内园路及园林铺装面积</td><td rowspan="2">地下室库顶上园路及园林铺装面积</td><td rowspan="2">景观水体</td></tr>
<tr><td></td><td></td><td></td><td></td></tr>
<tr><td>1</td><td></td><td></td><td></td><td></td><td></td><td></td><td></td><td></td></tr>
<tr><td>2</td><td></td><td></td><td></td><td></td><td></td><td></td><td></td><td></td></tr>
<tr><td>3</td><td></td><td></td><td></td><td></td><td></td><td></td><td></td><td></td></tr>
<tr><td>⋮</td><td></td><td></td><td></td><td></td><td></td><td></td><td></td><td></td></tr>
<tr><td>合计</td><td></td><td></td><td></td><td></td><td></td><td></td><td></td><td></td></tr>
<tr><td colspan="4">项目建设总用地面积</td><td colspan="5"></td></tr>
</table>

注:此表按退建筑物外边线 1.5 m 及组团绿地退宅间路、组团路、小区路路边 1.0 m 实测,并已扣除绿地中变压器箱、采光井、垃圾房、围墙、消防登高场地及各种形式植草砖等面积统计,屋顶绿化面积按当地规划部门规定执行。

编制:　　　　检查:　　　　审核:　　　　审定:

### 4.4.4　成果提交

建设工程绿地竣工测量结束后须归档提交的资料如下:

(1)竣工测量说明书(包括时间、委托单位、测区位置、范围、面积、采用的坐标系和高程系、作业依据、作业方法、实际精度、允许精度、需要说明的问题等)。

(2)控制点成果表、野外观测记录及计算资料。

(3)绿地竣工地形图。

(4)绿地测量成果表。

## §4.5　消防工程规划核实测量

### 4.5.1　概　述

建筑工程竣工消防测量实施前应收集的资料有:消防设计审核意见书及相应

的消防总平面和建筑、给排水、暖通和电气等各专业涉及消防的施工图，消防设计说明书；总图、建筑、给排水、暖通和电气等各专业涉及消防的竣工图（标明防火分区的具体轴线）；测量需要的其他相关资料。

建筑工程竣工消防测量应包括：建筑类别，总平面布局和平面布置，防火、防烟分隔及防爆，安全疏散、消防电梯，消防设施，其他根据规范需要测量的内容。

### 4.5.2 建筑类别测量

建筑类别测量应包括总建筑面积（含地上、地下两部分）、建筑消防高度、地下室深度、商业服务网点建筑面积和高度。

建筑消防高度的测量应符合相关规定：建筑屋面为坡屋面时，建筑消防高度应为建筑室外地面至其檐口与屋脊的平均高度；建筑屋面为平屋面（包括有女儿墙的平屋面）时，建筑消防高度应为建筑室外地面；同一个建筑有多种形式的屋面时，建筑高度应按上述方法分别测量后，取其中最大值；对于台阶式地坪，当位于不同高程地坪上的同一建筑之间有防火墙分隔，各自有符合规范规定的安全出口，且沿建筑的两个长边设置贯通式或尽头式消防车道时，可分别测量各自的建筑高度，否则应按其中建筑高度最大者确定该建筑的建筑消防高度；局部突出房屋的瞭望塔、冷却塔、水箱间、微波天线间或设施，以及电梯机房、排风和排烟机房及楼梯出口小间等辅助用房占屋面积不大于 1/4 者，可不计入建筑消防高度；对于住宅建筑，设置在底部且高度不大于 2.20 m 的自行车库、储藏室和敞开空间，以及室内高差或建筑物的半地下或半地下室的顶板面高出室外设计地面的高度不大于 1.50 m 的部分，可不计入建筑消防高度。

地下室深度应测量室外地坪至最深一层地下室地坪表面之间的垂直距离。商业服务网点应测量各分隔单元建筑面积和其中的总层高最大值。

### 4.5.3 总平面布局和平面布置测量

总平面布局测量应包括防火间距、消防车道、消防车登高操作场地、消防救援口。

平面布置测量的内容包括消防控制室的使用面积、消防水泵房室内地面与室外出入口地面的高差。

防火间距测量的内容包括：建筑与相邻建筑、构筑物、堆场、储罐、停车场和铁路等之间的距离，建筑屋顶、地下室坡道和地下室顶板上开设的排烟口、采光口与建筑之间的距离，建筑之间的连廊宽度和长度，“U”形公共建筑和“回”字形公共建筑相对两翼之间的距离。

防火间距测量应符合相关规定：建筑物之间的防火间距应按相邻建筑物外墙的最近水平距离计算，当外墙有凸出的可燃或难燃构件时，应从其凸出部分外缘起算；建筑物与储罐、堆场的防火间距，应为建筑物外墙至储罐外壁或堆场中相邻堆垛外缘的最近水平距离；建筑物、储罐或堆场与道路、铁路的防火间距，应为建筑外墙、储罐外壁或相邻堆垛外缘距道路最近一侧路边或铁路中心线的最小水平距离。

消防车道的测量应包括净高、净宽、坡度、转弯半径和回车场尺寸、消防车道与建筑外墙的距离等内容，并符合相关规定：在车道路面相对较窄部位及车道 4 m 净高内两侧突出物最近距离处进行测量，以最小宽度确定为消防车道宽度；选择消防车道正上方距车道相对较低的突出物进行测量，突出物与车道的垂直高度为消防车道净高；消防车道的转弯半径量取内侧车道外缘的半径。

消防车登高操作场地测量应包括：消防车登高操作场地的长度、宽度、坡度和操作场地之间的距离，消防车登高操作场地与建筑外墙的距离，登高操作场地侧的裙房、雨棚或其他突出物的进深，登高操作场地与建筑之间的乔木、路灯和汽车库出入口等障碍物情况。消防救援口测量应包括位置、尺寸和间距。

### 4.5.4　防火、防烟分隔和防爆测量

防火、防烟分隔和防爆测量应包括防火分区的面积、其他防火分隔部位的有关内容、有顶盖商业步行街的有关内容、面积大于 500 $m^2$ 的建筑空间的防烟分区面积、泄压口的面积。

其他有防火分隔要求的部位测量应包括：防火墙两侧及转角洞口间距，建筑上、下层开口之间设置的实体墙或防火玻璃的高度，防火挑檐的长度和宽度，住宅外墙上相邻户开口之间的墙体宽度或突出外墙的隔板长度，楼梯间、前室和合用前室外墙上的窗户与其他开口之间的间距，住宅“U”形天井的内天井宽度和开口宽度。

有顶盖商业步行街的相关测量应包括：步行街两侧建筑相对面的最近距离、各层楼板开口最窄处的宽度、各层连廊的宽度、步行街各层楼板的开口面积与步行街首层地面面积的百分比、步行街两侧的单个商铺的最大面积、相邻商铺之间面向步行街一侧的实体墙宽度的最小值。

### 4.5.5　安全疏散和消防电梯测量

安全疏散的测量应包括安全出口、疏散门、疏散走道、疏散楼梯、避难层(间)和下沉式广场等避难区域和疏散指示标志。

安全出口、疏散门、疏散走道、疏散楼梯测量应包括：疏散宽度、疏散距离、前室(合用前室)的使用面积、三合一前室的短边长度；最近两个安全出口之间的距离；室外疏散楼梯的梯段净宽度、倾斜角度和栏杆扶手高度，与最近的门(或窗、洞)口的距离；用于疏散的螺旋楼梯和扇形踏步上、下两级所形成的平面角度和每级离扶

手 250 mm 处的踏步深度。

疏散距离测量的内容包括：位于两个安全出口之间的疏散门、位于袋形走道两侧或尽端的疏散门至最近安全出口使用的剪刀楼梯间入口至最近户门的距离，首层的消防电梯前室、楼梯间及前室至直通室外出口的距离，观众厅、展览厅、多功能厅、餐厅和营业厅室内最远一点至最近疏散门或安全出口的直线距离，汽车库室内最不利点至人员安全出口的疏散距离。

避难层(间)、下沉式广场等避难区域测量应包括：避难层(间)的净面积，第一个避难层(间)的楼地面至灭火救援场地地面的高度，两个避难层(间)之间的高度，高层病房楼避难间的净面积，直升机停机坪直径、停机坪与相邻高出停机坪建(构)筑物的间距，直升机救助设施长度和宽度，下沉式广场等室外开敞空间用于疏散的净面积、不同区域通向下沉式广场等室外开敞空间的开口最近边缘之间的水平距离。

防火间隔的测量内容应包括防火隔间的建筑面积、不同防火分区通向防火隔间的门的最小间距。

避难走道的测量内容应包括总长度、任一防火区通向避难走道的门至该避难走道最近直通地面的出口的距离，防火分区至避难走道入口处设置的防烟前室的使用面积。

疏散指示标志的测量应包括疏散指示标志之间的间距、距地面的高度。消防电梯应测量其从首层至顶层的运行时间。

### 4.5.6 消防设施测量

消防给水测量应包括核实建筑室内消防栓的位置是否变动、屋顶水箱和消防水池的容积、天然水源或消防水池取水口距建筑外墙的距离。

防烟、排烟设施测量应包括走道和房间的自然排烟窗(口)有效排烟面积、自然排烟窗(口)距防烟分区最远点的距离。

### 4.5.7 成果提交

建筑工程竣工消防测量结束后须归档提交消防测绘成果报告，原则上一个项目出具一本消防测绘成果报告，若项目幢数较多，可视情况分开出具报告，并在封面上标注总册数及该报告相应册数编号。消防测绘成果报告的内容如下：

(1)包括项目名称、项目地址、建设单位、设计单位、测绘单位、测绘时间等内容的报告封面。

(2)目录。

(3)测绘责任人，包括测绘单位资质等级、资质证书编号、地址、联系电话及测绘人员姓名和职业资格证书编号。

(4)测绘说明，包括测绘依据、测绘精度、测量方法、测绘仪器及测绘软件等内容。

(5)建筑类别测量表。

(6)总平面布局测量表。

(7)总平面测量略图。

(8)地下室测量表。

(9)地下室测量略图。

(10)地上建筑测量表。

(11)地上建筑平面测量略图。

## §4.6　人防工程规划核实测量

### 4.6.1　概　述

建筑工程人防验收核实测量实施前首先要收集资料。收集资料的范围包括人防审查意见书、施工图设计文件和有关设计变更资料、人防竣工图(战时平面图应标明人防建筑面积范围线)、建筑工程设有人防警报控制室的需提供平面图、人防竣工测量需要的其他相关资料。

建筑工程人防核实测量工作的内容包括：每个防护单元的建筑面积和掩蔽面积测量；人防地下室顶板底部与室外地坪的高差；人防区停车位及非机动车位统计；人防掩蔽区不满足净高要求的面积；当人防外墙外侧 10 m 内设有天井、下沉式广场、山坡地和下沉式庭院等较大高差地形时，需测量掩体最小厚度。

### 4.6.2　人防建筑面积计算

人防建筑面积计算遵守的原则：人防区建筑面积界定为防护区建筑面积；防护区建筑面积由防护密闭门(和防爆波活门)相连接的临空墙、外墙外边缘形成；非人防的建筑面积区中供人防战时使用的竖井、出入口和通道等面积为各产权人共有面积，不参与分摊；人防区掩蔽面积是供掩蔽人员、物资和车辆使用的有效面积，其值为与防护密闭门(和防爆波活门)相连接的临空墙、外墙外边缘形成的建筑面积扣除结构面积和其他部分面积(口部房间、防毒通道和密闭通道面积，通风、给排水、供电、防化和通信等专业设备房间面积，厕所、盥洗室面积)后的面积。

人防建筑面积计算细则应符合相关规定：临空墙体、外墙按外围线计算；防护单元间墙体以墙体中间为界，量至墙体厚度的 1/2 处；地面警报控制室建筑面积计算按本书第 5 章规定执行。

### 4.6.3 成果提交

提交成果的精度要求：长度要求为0.01 m，面积要求为0.01 $m^2$。建筑工程人防验收核实测量结束后须归档提交人防测量报告书。报告书应包括封面、目录、测绘责任人、成果说明、人防测量成果表、人防核实面积测量图、人防核实面积其他测量图。测绘责任人应包括测绘单位资质等级、资质证书编号、地址、联系电话及测绘人员姓名和执业资格证书编号等内容。成果说明包括作业概述、作业依据、作业方法、质量控制、成果内容说明、免责声明及其他。其中，作业概述应说明项目来源、内容、目标、工作量、项目组织和实施，作业依据指作业时依据的标准、规范及技术文件，作业方法包括测量的主要技术问题和处理方法、特殊情况的处理及效果，质量控制包括组织管理措施、资源保证措施、质量控制措施、数据安全措施等质量保证措施。成果内容说明包括成果的形式、数量及资料文档清单，免责声明包括成果的适用范围、时效及保密管理等。

## §4.7 三维规划核实测量

### 4.7.1 概　述

随着计算机技术的蓬勃发展，信息化技术在规划行业中的应用越来越广泛。充分利用信息化技术手段改善规划管理工作，是提高工作效率、加大管理力度的有效途径。目前，很多城市都已经建设完成了城市级的三维模型数据库。以三维模型数据库为支撑，利用三维模型数据辅助规划竣工核实，可以加强建筑规划管理的科学性，从而提高规划行政管理效率。

此外，三维规划核实测量不仅丰富了三维报告成果，还建立了三维数据的更新机制，保障了城市级三维模型数据库的现势性，为三维数据在各方面的应用提供了良好基础。为更好地让该成果服务于各政府部门，须进一步加强“三维城市平台”的建设，建立基于专网的地理信息系统应用，采用完善、准确、一致的三维基础空间数据和各类业务数据，为规划、国土、房管、公安、市政、交通管理等部门提供服务。

### 4.7.2 基本工作流程

竣工三维模型制作以二维竣工测量的成果为基础，三维模型制作在建设工程基础测绘完成之后才开始进行。为了优化业务流程，需要综合考虑常规竣工核实测量和三维竣工核实的具体情况，尽量缩短整个项目的制作周期，以满足建设方的需求。整个流程如图4.1所示。

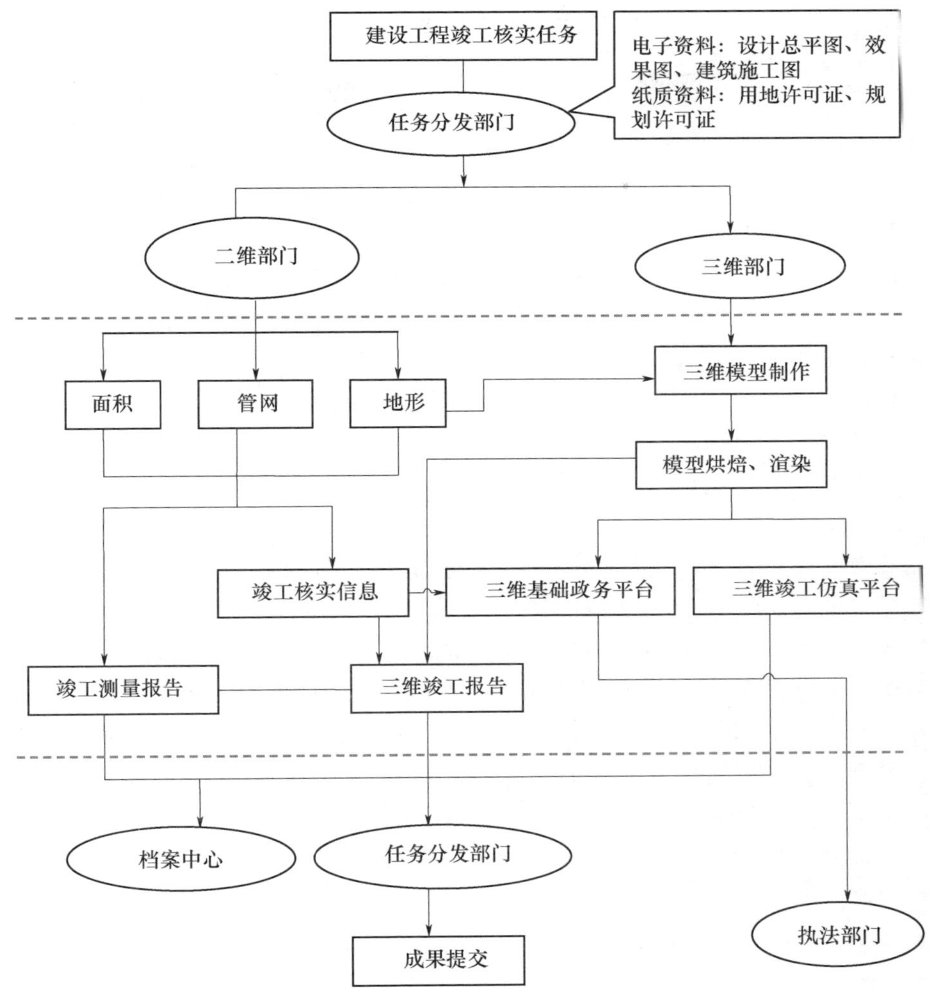


图4.1　三维竣工核实基本流程

## 1. 内业准备

检查工程所需的各种资料是否完整，包括：该项目建设方提供的资料，主要有电子版建筑竣工(施工设计)图、项目设计总平面图、竣工部分范围图等；外业竣工测量成果资料，主要有竣工验线比较图(或者地形图)、竣工验线比较表、建筑面积测量报告、建筑面积明细表、建筑面积实测图等。充分理解该项目的建筑竣工(施工设计)图，将建筑平面图、剖面图及立面图有机结合起来，了解建筑的构成类型、结构的特点等。将现有电子版项目设计总平面图转换到所需要的独立坐标系下，确定其位置和所在的三维仿真模型分区。分析目前三维仿真模型情况，确定项目需要制作的三维仿真模型的范围。将范围及范围内影像与现有地形图进行叠合，并采用一定比例尺打印出来,作为外业工作图使用。

2. 外业影像采集

作业人员进入作业现场对竣工的建筑及周边环境进行影像采集前,应尽量多与建设方人员沟通,了解建筑的结构、轮廓特点、周围环境情况、需要进行竣工核实的范围等注意事项。作业人员进入作业现场,了解现场实际情况,初步确定影像采集的顺序和路径。按一定的顺序逐一对竣工建筑的立面进行影像采集,并在图纸上进行标注和记录。屋顶造型比较复杂的需要到屋顶对屋顶构造进行影像采集;厂房等无法确定屋顶颜色又不能上人的,需要在周围寻找较高地点进行影像采集,无条件进行采集的要向建设方确定颜色。对建筑周边环境进行影像采集时,应注意远景和细部结合,做到采集全面,对重要的建筑小品要对各部分逐一进行影像采集。

3. 三维模型制作

作业人员根据竣工工程范围提取工程所在位置的现状三维仿真模型,将准备好的竣工验线比较图导入 3ds Max 软件,并将采集的影像作为纹理,制作竣工工程范围及周边变化部分的三维仿真模型,三维仿真模型制作时要求满足该城市的三维建模技术规范要求。作业人员制作三维仿真模型时要调取区块周围的道路或者相邻区块,新做的竣工三维仿真模型需要完成道路和相邻区块的接边。作业人员在制作三维仿真模型的过程中应根据外业地形测量成果对照采集的影像进行进一步核实,影像与成果不一致地方必须反馈回上一工序。模型制作完成后在 3ds Max 软件里面进行标准化处理及模型命名节点的标准化命名,然后提交检查员进行检查。

4. 三维报告制作

对前一工序作业人员提交的三维仿真模型数据进行全面检查,并查看相关资料是否完整。根据基础资料,出具相应的三维报告成果图件,包括项目位置图、区位关系图、建筑高度图、三维红线图、鸟瞰图、透视图、屋顶形式图。其中,位置图反映整个项目的位置关系;区位图反映项目各竣工建筑相对关系,以及与相邻其他建筑的相对位置;三维红线图在空间位置上直观地反映了建筑物与规划许可各红线的比较数据;鸟瞰图、透视图从不同角度反映建筑物的相对关系,达到人眼实景观看现场的视觉效果。

5. 信息入库及发布

基于三维基础政务平台,利用 SQL Server 数据库实现竣工实测数据的发布,通过编写数据库入库工具将传统竣工实测数据报告导入 SQL Server 数据库中,从而为三维竣工核实工作提供基础分析数据。针对规划竣工核实过程所关注的方面,平台可实现正负零层标高、角点偏移、建筑面积统计、红线位置查看等功能,方便规划执法人员开展可视化分析、核实工作。

### 4.7.3　案例成果

三维规划核实测量成果主要包括两部分：一部分为纸质的报告成果，提交给建设单位进行规划验收；另一部分为系统入库成果，包括各种指标的入库、统计等，可用于后期的统计管理等工作。

1. **报告成果**

报告成果图件包括项目位置图、区位关系图、三维红线图、建筑高度图、透视图、鸟瞰图、屋顶形式图。以某项目为例，相关的图件成果样例如图 4.2 至图 4.7 所示。

图 4.2　项目位置

图 4.3　项目区位

图 4.4 三维红线

图 4.5 建筑高度

图 4.6 三维透视

图 4.7　三维鸟瞰

### 2. 入库成果

基于三维基础政务平台，利用数据库实现竣工实测数据的发布，通过编写数据库入库工具，将传统竣工实测数据报告导入数据库。最后通过开发相应的功能，实现指标的查询、统计及分析等，应用结果如图 4.8 至图 4.12 所示。

图 4.8　三维模型集成效果

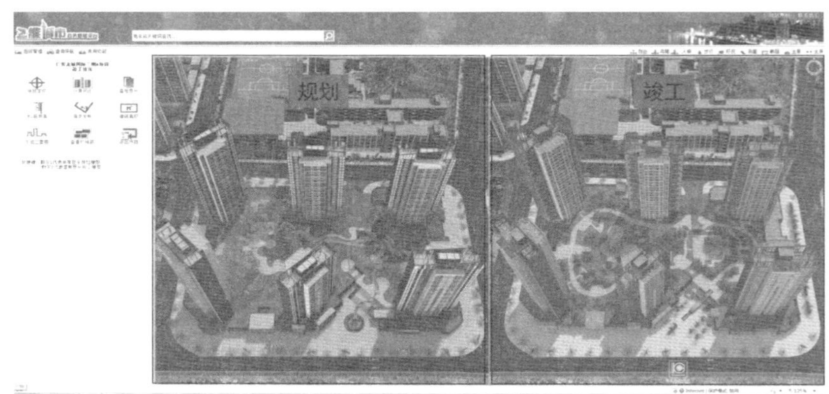


图 4.9　规划与建成后分屏对比

图 4.10　红线查询

图 4.11　角点偏移比较

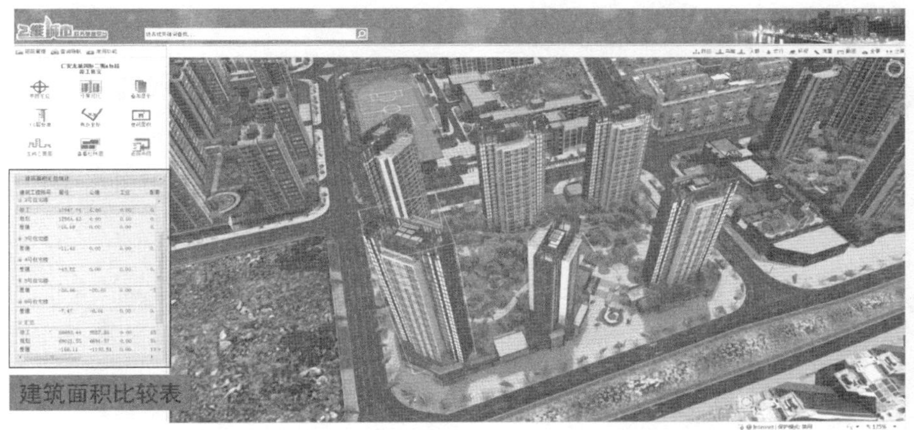


图 4.12　面积比较

# 第 5 章　城市建设工程的规划核实测量数据处理与应用

规划核实测量是一门集测绘学知识、城市规划知识和建筑学知识为一体，融合了计算机虚拟现实技术的一门综合新型学科。规划核实测量是随着 2008 年《中华人民共和国城乡规划法》的实施而完善起来的。从建设工程的进度来分，包括放线规划核实测量、基础竣工规划核实测量和工程竣工规划核实测量。工程竣工阶段规划核实测量的任务是通过实测建设工程的现状地形图、立面图来计算建筑物的长度、宽度、高度、面积，以及各类规划指标，如容积率、绿地率、建筑密度等，在现状地形图上标注建筑物与规划控制条件地物的距离，与用地红线、规划红线的关系，并与规划审批数据进行对比，辅助规划人员确认建设单位所建工程是否符合规划条件的一种手段或方法。通过测量产生一系列坐标、长度、高度等基本数据，通过数据处理产生面积、容积率、绿地率、建筑密度等派生数据，通过数据处理可视化产生现状地形图、立面图、三维数据模型等成果。因为规划核实测量数据是用于政府判断建设工程是否符合规划条件的数据，所以具有权威性(准确性)；测量工作必须在每个建设工程的关键时间节点上进行，故具有现势性；政府相关部门要以此数据为依据进行决策，数据必须完整；判断建设工程是否符合规划条件，主流的方法是把规划核实测量数据与规划条件相应的指标进行对比，因此规划核实测量数据还应具有可比性。

规划核实测量数据的这些性质决定了它具有非常高的使用价值，当然它最主要的用途是规划核实，另外它在地形图更新、管线普查与数据更新、地名普查、地理国情普查与动态监测、智慧城市建设方面具有应用前景(张保钢 等，2018)。

## §5.1　规划核实

### 5.1.1　放线规划核实

放线规划核实的目的在于验核建筑工程的放线情况是否符合城乡规划主管部门审定的总平面图的要求。相关可用成果包括与规划文件相对应的测量成果表(放线回单和放线比较分析表)和放线平面图。测量成果表应包括拟建建(构)筑物角点的编号、坐标及略图，略图应反映拟建建(构)筑物角点在建筑物中的位置；测量成果表中还包括各点的实放坐标、审定坐标、偏移距离、偏移方向及备注，以及相关地物间的理论距离值、实测距离值及备注；还包括应拆建筑的拆除情况。放线平面图上应准确、清晰地标注拟建建筑工程的平面位置、控制点坐标，以及与其他建(构)筑物的间距、与各类规划控制线的距离。综上所述，根据这些指标可确认放线是否符合规划条件。

应用计算机进行数据处理的可采用双屏对比(左右屏分别显示规划审批平面图和放线测量平面图)、叠加显示(背景层和当前层分别显示规划审批平面图和放线测量平面图)，辅以量测工具，确认放线是否符合规划条件。

### 5.1.2　基础竣工规划核实

基础竣工规划核实的目的在于验核建设工程的基础建设情况与建设工程规划许可证或乡村建设规划许可证及附件、附图是否一致。相关可用成果包括与规划文件相对应的测量成果表(基础竣工验线回单和基础竣工测量比较分析表)和基础竣工平面图。测量成果表应包括基础竣工测量成果数据、放线测量成果数据等，并与规划许可情况进行比较分析。基础竣工平面图应标注建筑工程基础竣工总平面位置、间距，以及与其他建筑物、各类规划控制线的距离等的实测数据。根据这些，确认建设工程基础是否符合规划条件。

应用计算机进行数据处理的可采用双屏对比(左、右屏分别显示规划审批平面图和基础竣工测量平面图)、叠加显示(背景层和当前层分别显示规划审批平面图和基础竣工测量平面图)，辅以量测工具，确认建设工程基础是否符合规划条件。

### 5.1.3　工程竣工规划核实

工程竣工规划核实的目的在于验核建设工程的建设情况与建设工程规划许可证或乡村建设规划许可证及附件、附图是否一致。相关可用成果包括与规划文件相对应的测量成果表(工程竣工验线回单和建筑面积明细表)和现状地形管线图、现状地形建筑比较图、楼层平面图。工程竣工验线回单一般包括建筑工程概况、竣工测量委托书、放线单位名称、资质证书及法定代表人姓名、测绘作业人员姓名、建筑面积计算依据等，建筑工程概况应说明建设单位、建筑工程名称、施工单位名称、监理单位名称、建筑工程位置、建设工程规划许可证及签发时间、建筑规模、每栋建筑的层数及其他需注明情况。建筑面积明细表应分别汇总每栋建筑工程的建筑面积，并将建筑面积实测数据与对应规划许可数据进行比较，注明其差值。现状地形管线图须标注地形、地貌、地物、建筑工程正负零层标高、层顶标高、建筑制高点标高、地下管网等，范围至规划建设用地范围以外30～50 m区域。现状地形建筑比较图须在实测现状地形图上叠加各类规划控制线、放线附图中的建筑放线位置。楼层平面图需注明建筑工程各楼层的使用功能、各边长度、立体式(机械式)停车库的净高等内容。根据这些，确认建设工程基础是否符合规划条件。

应用计算机进行数据处理的可采用双屏对比(左右屏分别显示规划审批平面图和竣工测量平面图)、叠加显示(背景层和当前层分别显示规划审批平面图和竣工测量平面图,规划控制线叠加竣工测量平面图),辅以量测工具,确认建设工程是否符合规划条件。

## §5.2　地形图更新

2014年,国家测绘地理信息局出台了两部有关城市建设工程规划核实方面的重要标准,即《城市建设工程竣工测量成果规范》(CH/T 6001—2014)和《城市建设工程竣工测量成果更新地形图数据技术规程》(CH/T 9025—2014),使规划核实测量成果应用于地形图更新成为现实。规划核实测量成果中用于地形图更新的主要是竣工测量成果,《城市建设工程竣工测量成果更新地形图数据技术规程》(CH/T 9025—2014)给出了完整的技术方案:更新范围的确定;更新内容的确定;统一待更新地形图和竣工测量成果的规格,包括数学基础转换、统一数据结构、制图综合;确定更新方法,即数据层更新和局部分区更新;地形图要素接边与裁边及拓扑重构;元数据更新。更新流程如图5.1所示。数据层更新只对因城市建设工程竣工而改

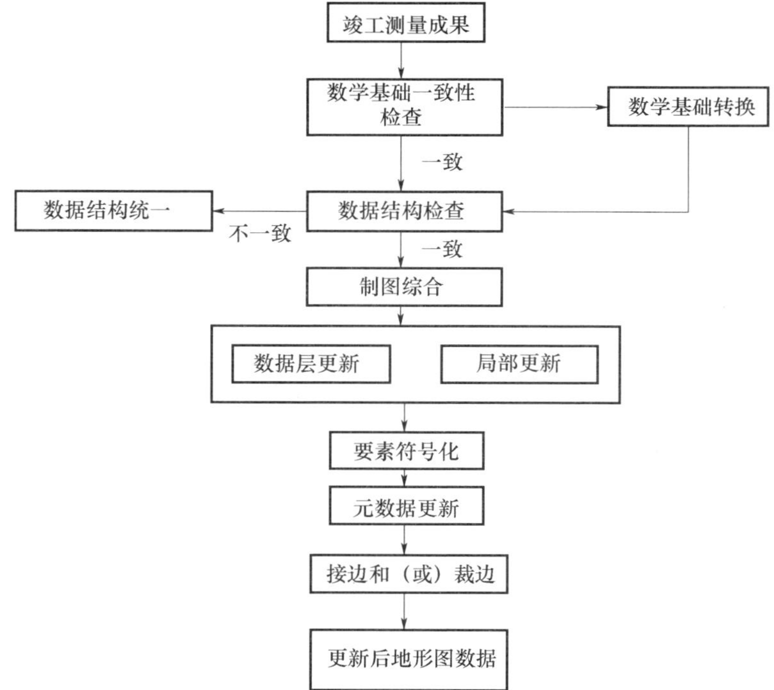


图5.1　规划核实测量成果用于地形图数据更新的技术流程

变的内容,如单体建筑、城市道路等的竣工测量,数据内容只涉及部分数据层,可逐层采用对象更新方法完成,涉及点状要素更新、线状要素更新、面状要素更新和注记要素更新。局部更新适应于某些特定情况,即城市建设工程区域范围大、建设内容涉及面宽的情况,如某个区域的整体改造工程,对该区域进行全面(全要素)测量时,用竣工测量数据整体替换相应区域内原有的全部数据,从而进行更新。

## §5.3 管线普查与管线数据更新

### 5.3.1 管线普查

规划核实测量成果用于管线普查的主要是管线的竣工测量成果。随着城市建设进程的加快,各种非金属管材的使用和管线走廊密度的增大,物探技术已不能很好地解决地下管线探测问题,因此管线竣工测量成果成为管线普查最重要和可靠的数据源。需要注意的是,管线测量成果要满足管线普查的要求,对于有些管线普查需要和管线测量成果没有的信息,应采用外业或查阅相关资料的方法补齐。

管线工程竣工测量结束后应对竣工成果进行处理,编绘工程区域的专业管线图、综合管线图、横断面图和管点坐标成果表等。采用管线竣工测量进行管线数据库更新一般通过管线竣工测量外业 PDA(personal digital assistant)数据采集软件和管线竣工测量成果数据处理软件实现。管线竣工测量外业 PDA 数据采集软件,可以实现从数据采集到处理、编辑、存储过程的计算机化,使地下管线信息数据的更新形成良性循环。管线竣工测量成果数据处理软件主要用于数字化已有管线资料档案,或处理整合外业新增管线竣工测量数据成果。使用统一的竣工测量数据处理软件,将使各测量单位汇交的管线数据采用统一的汇交模式、标准和规范,建立与管线普查数据统一的接口。

### 5.3.2 管线数据更新

用管线的竣工测量成果更新地下管线数据的重要性等同于竣工测量成果更新地形图数据的重要性,甚至有过之而无不及,因为地下测绘成本和技术远高于地面测绘的成本和技术。虽然还没有相关标准出台,但其应用已非常普遍(江贻芳 等,2006;黄贤忠 等,2008;刘艳丽,2011;江雪松,2016;田文革,2017)。图 5.2 给出了一种利用规划核实测量成果动态更新地下管线数据的机制(曹兵,2016)。

规划核实测量成果用于管线数据更新时采集的管线数据应符合数据入库的要求,不符合要求的应通过各类变换满足入库要求。入库前的数据质量检查要求各种原始手簿齐整，各项计算应正确，坐标、高程测量的各项误差符合要求，展绘误差在限差以内，管线连接关系正确，成果表抄录正确。

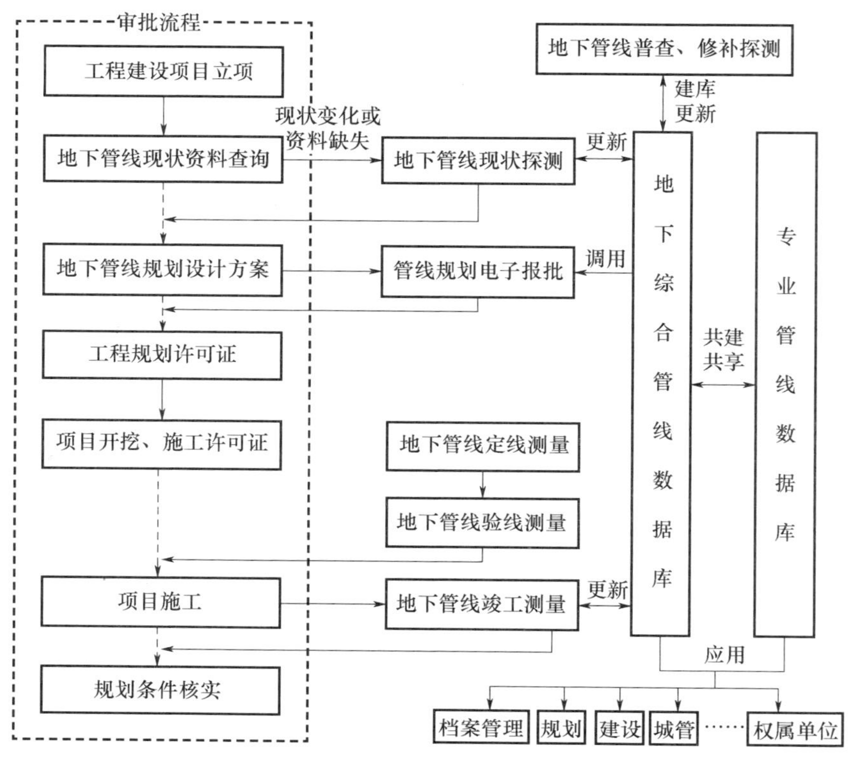


图 5.2 利用规划核实测量成果动态更新地下管线数据的机制

管线数据的更新一般通过比对管线工程竣工测量图或地下管线专业图与管线数据库的差异，将新增管线信息追加(转绘)到数据库，删除已不存在的管线实现。

管线数据库的更新面临着新数据的产生和部分旧数据的失效，这部分失效的数据虽然不再属于现状数据，但对客户来讲可能仍具有很大的使用价值或保存价值，如有些管线虽然已注销，不再使用，但物理上并没有拆除。因此，在建立管线数据库时，可同时建立两个结构相同的管线数据库，一个存放现状数据，另一个存放已失效数据。在更新数据以前，首先要保护好这部分失效数据。将所有失效地物从现状数据库剪切到失效数据库，并注明该地物失效的种类，即注销或拆除。失效的管线数据处理完后可导出现状管线数据，对新增或发生变化的管线数据依地下管线竣工图或专业图进行现状编辑处理。编辑完成后，应进行严格的接边处理、完整目标合并处理、图面检查和逻辑关系检查，确保无误后，应用软件将采集的现状管线数据导入管线现状库。

在对管线数据库内数据实施更新后，需要重建变化区域要素的拓扑关系，对有拓扑关系错误的数据应进行编辑和修改，并将各要素的属性项补充完整。

在对管线数据库内数据实施更新后，应对数据库的元数据进行相应修改，按照原元数据库结构录入修改后的元数据。有的软件具有元数据自动更新功能，可以省略该步骤。

## §5.4　地名普查

地名调查是地名普查的重要一环，规划核实测量成果（工程竣工阶段）是地名调查的重要依据。地名调查就是根据前期准备的地名调查目录、地名登记表、工作图，采用政府部门协作分类调取资料、发放调查表、分片调查收集、现场踏勘等方式，对资料中的属性、地理信息进行核实补充，对多媒体进行采集，对工作图进行标绘。从《城市建设工程竣工测量成果规范》（CH/T 6001—2014）来看，无论哪种建设工程，注记信息都包括了建设工程的名称信息，如建（构）筑物名称、道路名称、管线编号或管线所在道路名称等。竣工测量平面图上这些地名的空间信息是完整、准确、现状的，可将其作为地名调查工作图，或将其上相关地名信息转绘到地名调查工作图上。地名登记表的信息可通过该建设工程的地名审批发文信息获取，这些发文信息是官方的权威地名信息。

由于地名普查的范围是全覆盖的，而规划核实的范围是局部的，所以利用规划核实测量成果进行地名普查只能是辅助工作，不是主体工作。

## §5.5　地理国情普查与动态监测

地理国情普查数据包括地表覆盖分类数据和地理国情要素数据两个方面。其中，地表覆盖分类数据包括耕地、园地、林地、草地、房屋建筑区（群）、道路、构筑物、人工堆掘地、裸露地表、水体共十类要素，要求类型之间不重叠，空间范围互补，旨在实现对地表全覆盖；而地理国情要素数据包含道路、水体、构筑物、地理单元界线四方面内容。不难看出，对地表覆盖分类数据，城市规划核实测量数据可以提供房屋建筑区（群）、道路、构筑物的详细信息，可满足相关区域这三类地理国情普查地表覆盖数据的需求，工程区域内的绿化信息（如公园绿地也能提供部分园地、林地、草地、水体信息，耕地、人工堆掘地、裸露地表的信息）相对较少，需要再做调查或测绘。对地理国情要素数据，城市规划核实测量数据可提供道路、构筑物的完整信息，工程区域内的水体信息也是存在的，地理单元的界线信息一般不存在。

地理国情普查的内容包括：一是自然地理要素的基本情况，二是人文地理要素的基本情况。另外，地理国情普查还要对地理统计信息和地理国情监测信息进行分析。所谓的地理统计信息包括对单个地理信息属性信息的统计，如道路长度、房屋建筑面积等，以及各类用地（尤其是建设用地）面积等。规划核实测量数据有非常详细的道路长度与宽度、房屋建筑面积、建设用地面积等，满足地理国情普查用的信息。

由于地理国情普查的范围是全覆盖的，而规划核实的范围是局部的，规划核实测量成果是地理国情普查的一项辅助工作，地理国情普查结束后的地理国情监测主要是监测变化，而规划核实测量成果都是变化区域，因此可以发挥更大作用。

## §5.6 智慧城市建设

智慧城市的典型特征是"3S"（遥感、全球定位系统、地理信息系统）和"四化"（李成名 等，2013；刘晓丽 等，2017）。"四化"为鲜活化、虚拟化、代理化、灵性化，集成物联网感知实时信息，同时虚拟化共享基础设施，并通过代理宿主资源，实现智能组合、按需提供服务。随着新技术的发展，规划核实测量采用了系列新技术，如连续运行基准站（CORS）技术、三维激光扫描测量技术、倾斜摄影测量技术、三维数据建模技术，使用这些技术产生了新的成果类型，如建设工程的点云图、三维数据模型、建设工程重点区域的视频监控数据等。这些成果为智慧城市建设的鲜活化、虚拟化、灵性化提供了非常好的素材，如三维数据模型、建设工程重点区域的视频监控数据等。

按照《智慧城市评价模型及基础评价指标体系第一部分：总体框架及分项评价指标制定要求》，结合《智慧城市时空信息云平台建设技术大纲》中提出的建设内容，智慧城市时空信息云平台评价指标体系确定为7个一级指标和43个二级指标，其中一级指标分别为信息资源、管理服务、云环境、应用效果、信息安全、机制保障和创新特色（李成名 等，2013；刘晓丽 等，2017）。信息资源包括历史与现状的基础地理信息、历史与现状的公共专题数据、实时数据、规划数据、时效性、数据资源序化情况、数据资源共享程度。规划核实数据是规划数据的一部分，因此也是智慧城市建设的内容之一。由于智慧城市的数据资源属于大数据，因此规划核实数据占比并不大，但是非常重要，是智慧城市信息资源不可或缺的内容。

# 第 6 章　北京市城市建设规划核实工作简介

城市建设规划核实是城市规划主管部门依据城乡规划相关法律和技术标准规范及建设工程规划审批的内容，对拟建、在建或竣工的建设工程进行规划条件复核和确认的一项行政审批工作。北京市城市建设规划核实工作由北京市规划和自然资源管理委员会负责具体实施，其工作的开展对于加强建筑工程规划许可实施情况的监督检查、确保《北京城市总体规划》得以顺利实现具有重大意义。

## §6.1　规划核实工作历史情况

2001 年之前，北京市对建设项目能否满足规划要求的主要举措是通过规划放线进行控制。当时在建设项目开工前由规划行政主管部门开具规划放线通知单，通知单描述了根据建设项目所处位置必须保证的必要间距，确定至道路规划红线、规划绿线、周边已有建筑等的最小间距，划定建筑控制线。由指定的测绘单位根据规划放线通知单的描述，通过实地测量现有建筑特征点坐标，结合规划资料计算控制线坐标并放样到实地。建设项目的位置在建设过程中不得越过该控制线。此规划放线的模式对拟建建筑涉及的消防间距、日照间距，以及与现有规划道路、绿地等之间的位置关系起到了较好的控制作用。

随着经济建设的发展，建设项目规模不断扩大，建设项目设计越来越复杂，对建设项目是否符合前期规划内容的要求也越来越详细。原有的规划放线模式已不能满足新的要求。同时原来规划放线的模式注重前期开工前的放线工作，对建设过程中和竣工阶段的核验没有明确的规定。一些开发商为追求利益最大化，不按照审批的规划方案施工的案例时有发生，不利于规划的顺利实施。

2001 年 10 月 9 日，为加强对建设工程的规划监督，确保《北京城市总体规划》的实施，根据当时的《北京市城市规划条例》(目前已废止，由 2009 年 10 月 1 日起实施的《北京市城乡规划条例》代替，该条例于 2019 年做了较大修订)，并结合本市实际情况，北京市人民政府发布了《北京市建设工程规划监督若干规定》。其中，第四条："建设单位在施工前应当向规划行政主管部门提交填写完整的《建设工程验线申请表》。规划行政主管部门应当在收到申请表后 3 个工作日内组织验线。经验线合格的，方可施工。"第六条："在工程建设期间，规划行政主管部门应当对工程建筑的总平面位置、层数和高度、配套设施、规定拆迁范围的拆迁情况等环境建设，以及临时建设工程的建设情况进行检查。"第七条："建设工程竣工后，建设单位应当申请规划验收。”以上规定明确了建设工程规划核实的具体要求和内容，为北京市规划核实工作的开展提供了依据，北京市的建设工程核验工作自此全面展开。

## §6.2 规划核实工作流程

北京市工程建设规划核实包括初始验线（灰线验线）、过程验线（正负零验线）和竣工验收三项内容。具体申报审批流程（图 6.1）为：建设单位委托测量、核验申请，规划行政主管部门受理申请、审核资料、现场踏勘、办理意见审签、发出核验意见（合格或不合格）。

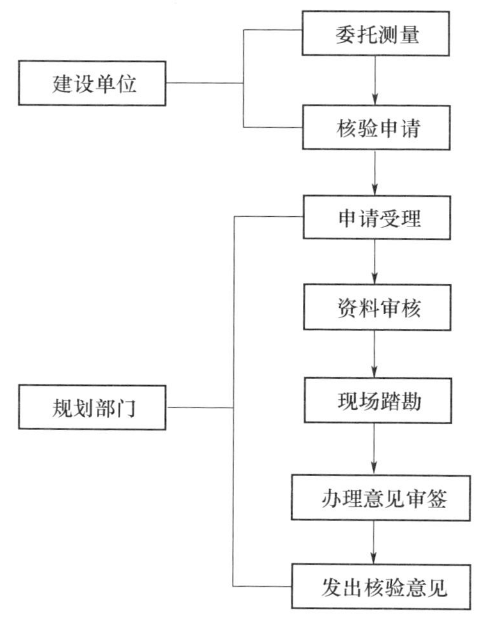


图 6.1 核验工作流程

## §6.3 核验工作内容

### 6.3.1 委托测量

建设单位在取得建设项目选址意见书、建设用地规划许可证、建设工程规划许可证（或乡村建设规划许可证）后，在施工前、施工至正负零、建筑竣工后，应委托具有相应测绘资质的测量单位根据规划许可的内容对现场进行实测。施工前、施工至正负零时出具“建设工程测量成果报告书”，竣工后出具“建设工程竣工测量成果报告书”“建筑面积成果表”。测量报告是向规划行政主管部门提出规划核实申请的必备材料。

### 6.3.2　核验申请

建设单位在施工前、施工至正负零、建筑竣工后应向规划行政主管部门提出规划核实申请，申请材料一般包括以下内容：

（1）申报单位填写完整并加盖单位印章的“建设项目规划许可及其他事项申报表”。

（2）申报单位出具加盖单位印章和法人签字或印章的“建设项目法人授权委托书”，附加盖单位印章的被委托人身份证复印件。

（3）申报核验工程的“建设工程规划许可证”（含正本、附件及附图）复印件。

（4）测量成果报告书原件。

（5）申报核验工程的“建筑工程施工许可证”复印件。

（6）公示照片（反映设置公示的位置和内容）。

（7）其他法律、法规、规章规定所要求的材料。

### 6.3.3　申请受理

规划行政主管部门接收申请人提交的材料后，审查材料是否齐全及符合法定形式。若申请人提交的申请材料不符合以上要求，应当一次性告知申请人必须补正的全部内容。受理或不予受理非行政许可类审批事项申请，都应当出具加盖行政机关专用印章和注明日期的书面凭证，并依法说明不受理非行政许可类审批事项申请的理由。

### 6.3.4　资料审核

规划行政主管部门受理申请后，对申报资料进行进一步审核，核查申报资料与受理登记是否相符、内容是否合规。对“建设工程规划许可证”中规划许可内容与测量成果报告书中数据进行核查比对，检查测量成果报告中数据的齐全性、实测数据与规划许可数据的符合性。

施工前、施工至正负零的核验主要检查所放灰线、建筑物基础的平面位置，以及相关间距是否符合规划许可的要求。

竣工阶段的规划验收核验主要核查主体建筑的总平面位置、层数、高度、立面、建筑规模和使用性质等是否满足规划许可的要求。

在施工前的规划核实中发现因特殊情况需变更批准的建设工程位置，或出现拟建、在建建筑尺寸与规划不相符时，应通知建设单位，由建设单位与原审批部门联系解决。对施工过程中未按照规划许可证批准的内容进行建设的工程，由规划行政主管部门责令其停工并限期改正。

### 6.3.5 现场踏勘

规划行政主管部门对资料进行审核后，还要进行必要的现场踏勘、巡查。

规划核实工作中，现场踏勘、核查一般应查看施工现场灰线、桩点是否完整，是否具备施工条件。建设单位在建设工程施工现场公示规划许可证件正本及其附件、附图是否符合规定，并对公示情况拍照。规划验收阶段还应查看用地范围内和代征地范围内应当拆除的建筑物、构筑物及其他设施的拆除情况，代征地、绿化用地的腾退情况，单独设立的配套设施的建设情况。

### 6.3.6 意见审签

对符合法定条件的申请人应当在法定职权范围和规定期限内尽快做出是否准予审批通过的决定。依法做出审批不合格的书面决定的，应当说明理由。

### 6.3.7 发出核验意见

规划验线阶段，审验合格的，签发“建设工程验线结果通知单(合格)”；审验不合格的，签发“建设工程验线结果通知单(不合格)”，并告知建设单位改正后重新申请规划验线。

规划验收阶段，审验合格的，由规划行政主管部门填写“建设工程规划验收合格通知书”或“建设工程规划验收不合格通知书”，连同建设单位申报规划验收的全部材料一并送至相关科室，作为在建设规划许可证附件上签章的依据。建设工程规划验收不合格的，不在建设工程规划许可证附件上签章。建设单位持“建设工程规划验收申请回复单”，到相关科室领取已签章的建设工程规划许可证附件或未签章的建设工程规划许可证附件(规划验收不合格)。

规划验收合格的建设单位，可持签章的规划许可证附件到房屋产权登记机关办理产权登记；规划验收不合格的，责令改正或按违法建设行政处罚程序处理。

## §6.4 规划核实要求

### 6.4.1 法律法规

北京市规划核实工作的开展是对现行法律法规的具体执行，同时现行法律法规也是规划核实工作的依据和基础。1990 年 4 月 1 日，《中华人民共和国城市规划法》开始施行，其中就规定了“城市规划行政主管部门有权对城市规划区内的建设工程是否符合规划要求进行检查。被检查者应当如实提供情况和必要的资料，检查者有责任为被检查者保守技术秘密和业务秘密”。这是城市规划核实工作早期的法律依据。

2008 年 1 月 1 日，《中华人民共和国城市规划法》废止，《中华人民共和国城乡规划法》开始施行，其中第四十五条规定：“县级以上地方人民政府城乡规划主管部门按照国务院规定对建设工程是否符合规划条件予以核实。未经核实或者经核实不符合规划条件的，建设单位不得组织竣工验收。”该条款对规划核实工作提出了更加具体的要求。

2019 年 3 月 29 日，北京市第十五届人民代表大会常务委员会第十二次会议修订、通过了《北京市城乡规划条例》。该条例中第四十三条规定：“建设工程竣工后，建设单位可以申请有关主管部门对建设工程实施竣工联合验收。住房和城乡建设主管部门应当会同规划自然资源、消防、民防、城市管理、市场监督管理、水务、档案、交通等主管部门建立建设工程竣工联合验收机制，对申请竣工联合验收的建设工程，实现一次申请、集中验收、统一确认，出具联合验收意见。具体办法由市住房和城乡建设主管部门会同相关部门制定。对未申请竣工联合验收的建设工程，有关主管部门对建设工程依法独立实施各项验收。未经验收或者验收不合格的建设工程，规划自然资源主管部门不予办理不动产登记手续；涉及违法建设的，按照法律、行政法规和本条例有关规定处理。”其中，规划核实指规划主管部门对建设工程依法独立实施的规划验收。

以上这些法律法规是北京市规划核实工作的上位基础，其具体规定及操作则依据北京市人民政府发布的《北京市建设工程规划监督若干规定》及原北京市规划委员会发布的《关于发布〈北京市建设工程规划监督若干规定〉实施细则和内部操作规程的通知》执行。

### 6.4.2　技术规范

中华人民共和国行业标准《城市测量规范》（CJJ/T 8—2011）9.3 节专门对规划监督测量做出了专门规定，《城市建设工程竣工测量成果规范》（CH/T 6001—2014）对城市建设工程的竣工测量成果做出了具体规定。在 2018 年 7 月 1 日实施的国家标准《工程测绘基本技术要求》（GB/T 35641—2017）也对规划放线测量、规划验线测量、规划验收测量提出了基本技术要求。

在满足国家标准、行业标准的基础上，北京市的规划核实工作还应满足相关地方标准的要求。北京市地方标准《北京市工程测量技术规程》（DB11/T 339—2006）于 2006 年首次发布实施，并于 2016 年进行了修订。修订后的名称为《工程测量技术规程》（DB11/T 339—2016），将原来“建设工程规划监督测量”的章节名变更为“建设工程规划核实测量”，将原来“灰线验线测量”“±0 验线测量”的说法改为“初始验线测量”“过程验线测量”，使其与实际工作更加贴近，同时根据历年在规划核实工作中总结的经验对原规程进行了补充和细化。

北京市《城市轨道交通工程规划核实测量规程》(DB11/T 1102—2014)于2014年发布，2015年1月1日实施。针对轨道交通工程的特点，对地面线路规划核实测量、高架线路规划核实测量、地下线路规划核实测量等做出了具体的规定。

为加强北京市建设工程规划核实测量项目的统一监管，提高建设工程规划核实测量成果质量水平，规范测绘行为，维护测绘市场秩序，北京市规划和国土资源管理委员会自2018年1月1日起，开展了建设工程规划核实测量成果的第三方质量检验工作，并对部分规划核实测量成果进行了抽检。同时，为了解决目前测量成果检验国家标准中对规划核实检验无具体要求的问题，建设工程规划核实检查验收相关的北京市地方标准正在编制中，编成后能使规划核实的检查验收工作有据可依。

# 第7章　城市建设工程规划核实测量的发展趋势

## §7.1　出台城市建设工程规划核实地标、行标、国标

为保证城乡总体规划的顺利落地实施，根据《中华人民共和国城乡规划法》的要求，国家、地方制定了一系列的国家、行业和地方标准。

2018年5月9日，浙江省住房和城乡建设厅、浙江省测绘与地理信息局、浙江省国土资源厅、浙江省公安消防总队、浙江省人民防空办公室联合发布了《建筑工程建筑面积计算和竣工综合测量技术规程》(DB33/T 1152—2018)并在同年7月1日实施，这个规程是针对多规合一的地方标准，内容包括控制测量、建筑面积计算规则、房产测量、规划测量、绿地测量、消防测量、人防测量、地下管线测量、用地复核及不动产测量和成果数据要求。国家层面对该项工作也非常重视，相关标准的制订正在紧锣密鼓地进行中。例如，2019年度自然资源标准制修订工作计划中，《城市工程建设项目联合测绘规程》已列为拟开展标准预研究项目；吉林自然资源厅正在组织编写《"多规合一"空间地理信息底图编制规程》。今后还会有更多的适用标准出台。

城市工程建设规划核实工作的开展，为规划核实工作积累了大量经验，并解决了工作中出现的许多实际技术问题。同时，新技术、新方法在规划核实中的应用不断加深，不断补充、完善现有规划核实测量的相关技术标准，是建设工程规划核实测量发展的必然趋势。

## §7.2　为市情普查更新提供数据

为全面掌握我国地理国情现状，满足经济社会发展和生态文明建设的需要，国务院在2013年至2015年开展了第一次全国地理国情普查工作。结合国情普查工作，许多地方也开展了地理国情市情普查工作。以北京市为例，自2013年开始的北京市地理国情普查及后续的地理国情监测，其目标是按照国家的统一标准和技术要求，查清北京市行政辖区范围内自然地表和人文地理要素的现状和空间分布情况，建立普查成果数据库，基于多种地理单元开展地理国情统计分析，形成普查报告和普查成果系列地图。北京市地理国情信息以国家内容为基础，在房屋、用地、交通、水务、生态环境五个方面进行了扩充和细化。

地理国情、市情普查工作耗费了大量的人力、物力和时间，而后期的数据更新和维护同样需要大量投入。地理国情普查时间节点之后，经审批新建的房屋、建筑都应该经过规划核实测量。如果对工程建设规划核实测量成果进行汇交、整理、建库，可以直接对以后的地理国情房屋数据进行更新。用规划核实测量数据更新的国普房屋数据将更加翔实、准确。

## §7.3 测绘新技术应用

三维激光扫描技术是20世纪90年代中期开始出现的新技术。它利用激光测距的原理，通过快速获取被测物体表面大量的密集点的三维坐标、反射率和纹理等信息，快速复建出被测目标的三维模型及线、面、体等各种特征信息。该技术是从单点测量到面测量的革命性技术突破，广泛应用于文物古迹保护、建筑、规划、土木工程、工厂改造、室内设计、建筑监测、交通事故处理、法律证据收集、灾害评估、船舶设计、数字城市、军事分析等多个领域。

使用常规测量方法进行规划核实测量需要对建筑的特征点坐标、错层高度等信息逐一测量。遇到复杂、异形的大型综合项目，使用常规测量方法的工作量大，测量位置不易确定，造成测量数据不准确。此时，使用三维激光扫描技术可以快速获取竣工项目高密度、高精度的目标空间信息并进行三维建模，该技术具有扫描速度快、数据信息量大、精度高等特点，完全能够满足规划核实测量的需求。目前，测绘仪器市场上推出了多种扫描全站仪，相比于三维激光扫描仪的易于操作、点云数据适量的特点，同样能够满足规划核实三维建模的要求。扫描全站仪相对于三维激光扫描仪的成本更低，有利于中小测绘企业在规划核实三维激光测量方面的业务开展和应用。

对于大型、复杂项目的室内面积测量、室内建模也可应用三维激光扫描技术。近几年，室内移动扫描技术快速发展，通过激光扫描仪和同步定位与绘图(simultaneous localization and mapping，SLAM)技术，不需要卫星定位或惯性导航系统，已经可使测量精度优于1 cm。采用边走边成图边测量模式，可随时随地在平板电脑上进行三维场景预览与测量。推车式、背包式等便携移动扫描测量系统可为大型复杂建筑的规划核实测量提供快速、高效的服务。

随着信息科技的高速发展，在规划管理中三维虚拟仿真技术已在城市规划部门得到广泛应用。上海市早在2013年就开始施行建设工程三维审批规划管理，全国各地也在陆续筹划、开展相关工作。配合施工建筑信息模型(buiding information model，BIM)技术、三维激光扫描建模技术的应用，集规划审批、工程建设管理、规划核实为一体的三维规划管理系统必将成为今后规划管理的发展趋势。

# §7.4　管理方式改进

## 7.4.1　规划核实工作全覆盖

《中华人民共和国城乡规划法》第四十五条规定："县级以上地方人民政府城乡规划主管部门按照国务院规定对建设工程是否符合规划条件予以核实。未经核实或者经核实不符合规划条件的，建设单位不得组织竣工验收。"根据此规定，城市规划行政主管部门应对所有建设工程是否符合规划条件进行核实。但在实际操作中，规划行政主管部门是在收到建设单位的核验申请后才会开始进行核验工作，如果建设单位未提出核验申请，或一些特殊重大工程未取得相应规划许可先期建设的，会产生规划核实的遗漏，如果在建设期间发生问题很难补救。

以北京市为例，《北京市建设工程规划监督若干规定》中第二条规定："在本市行政区域内依法取得建设用地规划许可证和建设工程规划许可证（含临时用地规划许可证和临时建设工程规划许可证，以下统称规划许可证件）的建设单位或者个人（以下简称建设单位），必须严格依照规划许可证件批准的内容使用土地、进行建设。严禁未经取得规划许可证件进行建设。"第八条规定："规划行政主管部门对建设工程实施规划验收的内容应当与规划许可证件批准的内容一致。"根据通常做法，只有取得建设用地规划许可证和建设工程规划许可证才可进行规划核实工作。

2016 年 8 月，北京市政府印发了《北京市公共服务类建设项目投资审批改革试点实施方案》，适用范围包括城市副中心的道路、停车设施、垃圾和污水处理设施及教育、医疗、养老等公共服务类建设项目，中央国家机关在京重点建设项目参照执行，试点期限为三年。项目单位只需满足"一会三函"四项前置条件即可开工建设，其他各项法定审批手续在竣工验收前完成即可。其中，"一会"是指市政府召开会议集体审议决策，"三函"是指前期工作函、设计方案审查意见、施工意见登记书三份文件。"一会三函"可看作北京市新认可的规划许可文件。但是，因这些项目不具备建设工程用地许可证和建设工程规划许可证，按照正常的程序，规划核实工作无法进行。为了应对改革带来的变化，原北京市规划和国土资源管理委员会组织了针对"一会三函"项目的规划核实工作，制定了管理和技术方案，主动与建设单位联系测绘，实现了建设工程规划核实全覆盖。根据新的政策、法规及时进行调整改进，是规划核实管理工作发展的趋势。

## 7.4.2　委托方式转变

规划核实测量成果是规划行政主管部门进行规划监督的重要依据，可以说规划核实测量就是规划监督的一项重要工作。工程建设是否符合规划完全靠测量数据判断。但是，现在的规划核实测量活动是一个市场行为，基本都是由建设单位挑选测绘单位进行委托测量或通过招投标确定测绘单位。规划监督中作为重要依据的测量成果的测绘者与被规划监督的对象之间产生了经济利益关系，有的建设单位直接在测绘合同中增加“测量单位必须保证测量结果满足规划验收要求并通过规划验收”的条款。这种情况使最终测量成果的客观性、真实性产生了隐患，不利于测绘市场的稳定和公平竞争。

2018年，原北京市规划和国土资源管理委员会等九部门联合发布了《关于进一步优化营商环境深化建设项目行政审批流程改革的意见》，实施了分类管理和“多规合一”平台统筹、施工图审查和竣工验收“只进一扇门”“互联网＋政务服务”等多项措施。

根据原北京市规划和国土资源管理委员会《关于加强建设项目全过程监督的意见》《关于落实优化营商环境相关政策进一步完善审批工作的通知》，为了将规划监督嵌入建设工程施工环节，确保建设工程满足规划许可的要求，更好地为企业服务，原北京市规划和国土资源管理委员会组织了对纳入优化营商环境的社会投资建设项目的全过程监督技术服务（测绘）工作。原北京市规划和国土资源管理委员会相关部门在建设工程项目取得规划许可文件后，向测绘单位推送项目信息，由测绘单位主动联系建设单位，开展各个阶段的规划监督工作。在这个测绘活动中，规划行政主管部门是委托人和出资方，测绘结果直接向规划部门提交，对规划部门负责，保证了测绘成果的客观性，也可以使规划部门及时、客观地掌握建设项目满足规划实施情况，针对出现的问题及时做出响应，帮助、指导建设单位尽早完善规划审批手续。

北京市建设工程全过程监督工作中的测量工作，目前虽然是独立于正常规划核实测量工作的，但是实际测量内容与规划核实测量是基本一致的。此种模式为规划核实测量的发展方向提供了借鉴和参考。

# 参考文献


曹兵,2016. 一种城市地下管线数据动态更新与应用机制[J]. 矿山测量(3):46-49.

重庆市规划局,2010. 重庆市规划局关于印发《重庆市建筑工程规划核实工作规程》的通知[J]. 重庆市人民政府公报(23):34-37.

重庆市规划局,2011. 重庆市规划局关于印发《重庆市地下市政管线工程规划核实管理办法》的通知[J]. 重庆市人民政府公报(16):29-30.

黄贤忠,黄韫韬,2008. 创新城市管线信息系统动态管理的新模式[J]. 城市勘测(5):10-13.

江雪松,2016. 福清市地下管线动态更新与维护[J]. 环球市场信息导报(17):55.

江贻芳,顾旭东,孙维志,2006. 城市地下管线信息管理系统建设若干问题探讨[J]. 测绘通报(9):58-62.

李成名,刘晓丽,印洁,等,2013. 数字城市到智慧城市的思考与探索[J]. 测绘通报(3):1-3.

刘晓丽,李成名,印洁,2017. 智慧城市时空信息云平台评价指标体系研究[J]. 测绘通报(3):38-41.

刘艳丽,2011. 城市地下管线空间数据更新研究[J]. 城市地质(2):39-41.

田文革,2017. 地下管线数据实时更新模式研究与实践[J]. 北京测绘(3):135-138.

张保钢,杨伯钢,2015a.《城市建设工程竣工测量成果规范:CH/T 6001—2014》的编制特点[J]. 北京测绘(4):56-58,55.

张保钢,杨伯钢,2015b.《城市建设工程竣工测量成果更新地形图数据技术规程:CH/T 9025—2014》标准解读[J]. 测绘标准化(2):46-48.

张保钢,杨伯钢,易致礼,等,2018. 我国规划核实测量工作的现状与分析[J]. 北京测绘,32(4):373-377.